职业院校土木工程专业“十二五”规划教材

GONGCHENG ZHAOTOUBIAO YU HETONG GUANLI

工程招投标与合同管理

主　编 ⊙ 王香莲
副主编 ⊙ 赵虎林

图书在版编目（CIP）数据

工程招投标与合同管理/王香莲主编. —北京：北京师范大学出版社，2013.9（2014.11重印）
（职业院校土木工程专业“十二五”规划教材）
ISBN 978-7-303-16983-2

Ⅰ. ①工… Ⅱ. ①王… Ⅲ. ①建筑工程-招标-高等学校-教材 ②建筑工程-经济合同-管理-高等学校-教材 Ⅳ. TU723

中国版本图书馆CIP数据核字（2013）第201499号

营销中心电话 010-58802755 58800035
北师大出版社职业教育分社网 http://zjfs.bnup.com
电子信箱 zhijiao@bnupg.com

出版发行：北京师范大学出版社 www.bnup.com
北京新街口外大街19号
邮政编码：100875
印 刷：保定市中画美凯印刷有限公司
经 销：全国新华书店
开 本：184 mm×260 mm
印 张：13
字 数：290千字
版 次：2013年 9月第1版
印 次：2014年11月第2次印刷
定 价：26.00元

策划编辑：庞海龙 责任编辑：庞海龙
美术编辑：高 霞 装帧设计：弓禾碧工作室
责任校对：李 菡 责任印制：马 洁

职业院校土木工程专业教学改革与教材编写指导委员会

前言

本书由5个项目和4个附录组成。每个项目的分为项目概况、任务分解、巩固与提高3个部分。每个任务又由引发问题、相关知识、实训3个部分组成。

本书坚持“以就业为导向，以服务为宗旨”的指导思想，内容选取以“必需、够用”为原则，力求突出以下特点。

(1)围绕工业与民用建筑建设工程施工招标、投标展开阐述，以某中等职业技术学校教学楼建设工程招标为主线。

(2)实用性、可操作性强，结合招标、投标实务，提供招标、投标过程中需要的资料、表格。

(3)内容简洁，形式多样，尽量做到删繁就简，将理论知识以学生乐于接受的图画、表格形式直观地表现出来。

在本书的编写过程中，参考了众多专家学者的著作，在此表示诚挚的感谢。

由于编者水平有限，不足之处在所难免，欢迎广大读者提出宝贵意见和建议。

项目 1

课题导入

项目概况

本项目为某中等职业技术学校教学楼建设工程，建筑面积 7 200 平方米，招标范围是施工图以内的建筑及安装工程；承包方式为包工包料(固定合同价)；工程质量要求为合格；工期要求为 10 个月；工程建设资金由地方财政拨款。

任务 1 建设工程项目的发包和承包方式

引发问题：

工程项目及其特点、工程项目建设活动的特点、工程项目的发包及承包方式。

相关知识

一、工程项目的含义

所谓工程项目，是指为某种特定目的而进行的含有一定建筑或安装任务的一次性投资建设项目，它是在一定的约束条件下完成的，最终将形成固定资产。例如，教学楼、工业厂房、住宅、道路桥梁(图 1-1)等建设项目都属于工程项目。

不难看出，建设项目、建设投资项目及工程建设投资项目就是我们通常所说的工程项目。所有的工程项目都是在一个总体设计的范围内，由一个或若干个内在联系的单项工程组成的，这些工程在经济上实行独立、统一核算，行政上实行统一管理。

上述工程项目含义中包含以下几层意思。

(1)工程项目是为了实现特定目的而进行的一项投资活动。通过投资实现对某种固定资产的需求，通过建设最终取得需要的固定资产。

(a)

(b)

图 1.1　工程项目

(2)工程项目是一次性的。
(3)工程项目是在特定的条件下完成的。

二、工程项目及工程建设活动的特点

(一)工程项目的特点

工程项目与一般的工业产品相比，有三个特点，如图 1.2 所示。

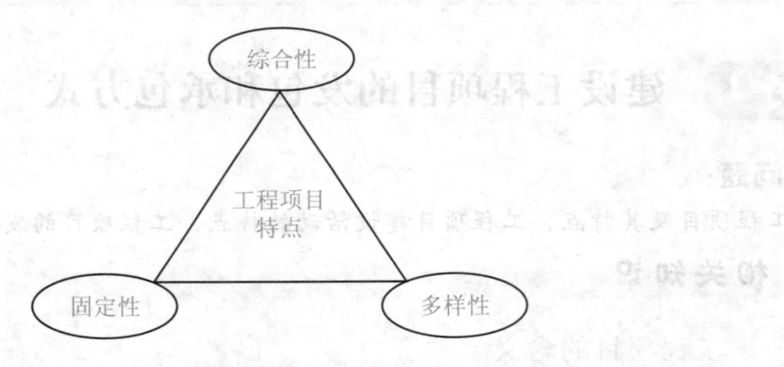

图 1.2　工程项目的特点

1. 综合性

任何一项工程项目其功能都不是单一的，都是集若干功能于一身。首先，工程项目的形(组)成本身很复杂，由不同材料，经过不同的工序、加工工艺而形(组)成；其次，建设者本身不仅要具有一定的专业知识，还要具有一定的操作技巧；再次，工程项目各分项工程功能都不一样。

2. 固定性

所有的工程项目一经确定，其所在的地理位置就已经确定，工程项目的施工外部环境也随之确定。

3. 多样性

多样性也称为个体性、差异性，可以从3个方面来理解：其一，不同功能的建筑产品差异性很大；其二，功能相同而地点不同的建筑产品也存在差异；其三，相同功能、相同地点的建筑产品也不完全相同。

(二)工程建设活动的特点

工程建设活动具有以下特点。

1. 工程施工周期长

所谓工程施工周期，即从开工到工程竣工所需的时间。所有的工程项目的施工期都比较长，大部分都超过一年，有些工程甚至长达三年到五年；同时工程项目的投资额度大。所以，在整个工程施工的过程中，不确定因素太多，相应的风险也较大。

2. 工程施工的连续性、协作性强

工程施工的连续性，是指工程项目建设的各阶段、各环节在时间上不间断、在空间上不脱节；所谓协作性，是指专业施工单位之间互相配合、协调一致地完成各自的施工任务。

3. 工程施工活动具有流动性

工程施工活动的流动性是由工程项目的固定性引起的，由于工程项目地理位置是固定的，从而工程建设活动就是流动的，当一个工程项目完成之后，就要开始另一个工程项目，就需要建设人员、施工机械在不同工程项目之间进行转移。

4. 工程施工活动受自然条件的制约性强

工程施工活动都是在露天作业的，因而受当地地形、气候、水文等条件的影响较大。例如，因雨季不能施工而导致工期延长。另外，由于工程施工周期长，受社会外界环境影响较大，可能会遇到材料的价格、人工费比预期高的情况。

三、建设工程发包与承包的方式

(一)建设工程的发包

1. 建设工程发包的含义

所谓建设工程发包，是指业主采用一定的方式方法，在政府主管部门的监督下，遵

循公开、公正、公平的原则，择优选定设计、施工、监理等单位，并将工程的建设任务交于他们实施的活动。

2. 建设工程的发包方式

建设工程发包方式是指业主采用什么手段、途径把工程交给建筑企业，使其为自己建造出所需的建筑产品。通常按照发包过程的情况进行分类，具体如下。

(1)直接发包

直接发包是由业主组织、协调工程项目建设各环节工作，将工程的设计、施工、监理等具体任务直接交给某个设计、施工、监理单位完成的发包方式。采用这种发包方式首先要求发包单位有一定的专业技术人员，能够对设计、施工及监理单位作出评判。其次，这种发包方式只适用金额较小的建设工程。

(2)委托代理发包

委托代理发包是由业主委托咨询机构(或工程师)作为代理人，对工程项目建设的全过程进行管理的方式。咨询机构(或工程师)的权限由委托合同决定，以将设计、施工任务交给专业队伍为完成标志。

(3)招标发包

招标发包是招标单位通过书面文件、新闻媒介或其他方式吸引潜在承包人参与投标竞争，从中选择承包者的一种工程发包方式。这种方式也是我们现在普遍采用的一种方式，是工程发包的最基本方式。

(二)建设工程的承包

在工程的承包中，由于不同承包商之间、承包商与业主之间的关系不同，形成了不同的承包关系，具体如下。

1. 总承包方式

总承包方式指一个建设项目全过程或其中某个阶段的全部工作，由一个承包商负责组织实施，总承包商可以将专业性工作分包给专业承包单位完成，由总承包商统一协调和监督的承包方式。

2. 联合承包方式

所谓联合承包，是指由两家或两家以上的承包商联合向业主承包工程的建设任务，并按各自的投入资金份额及承担任务的多少分享利润和承担风险的承包方式。在此需要注意两点：第一，联合承包必须有联合承包协议；第二，两家或两家以上企业进行联合承包时，其资质等级由资质最低企业的资质等级决定。

【实训 1.1】

某事业单位准备建造一座办公大楼，所需资金国家拨付一部分、单位自筹一部分，资金基本落实，但由于各种原因建设项目的相关手续迟迟办不下来，该建设单位以“急需”为由，将该建设项目发包。该建设项目要求必须由具备二级资质的房屋建筑工程施工企业承包，该建设单位在既没有专业技术人员，又缺乏对承包企业判别的情况下，进行自行发包，将建设项目承包给一个只有三级资质的房屋建筑工程施工企业。分析：

1)针对上述实例中的建设项目，该建设单位能不能发包？

2)针对上述实例中的建设单位实际情况，该建设单位能不能自行组织发包？

3)针对上述实例中的建设项目，该承包企业有没有资格承包？为什么？

【实训 1.2】

甲、乙两个房屋建筑工程公司联合承包一个建设工程项目，甲公司的资质是房屋建筑工程施工企业二级，乙企业的资质是房屋建筑工程施工企业三级。该建设工程项目要求企业必须具备房屋建筑工程施工企业二级；甲、乙企业没有签订联合承包协议，因为它们私下有约定：双方按照 6∶4 的比例承担风险和进行利润分成。分析：

1)甲、乙两个公司能不能在这个建设工程项目中联合承包？

2)如果甲、乙两个公司要联合承包，上述实例中缺乏什么要件？

任务 2 建设工程交易市场

引发问题：

在什么地方、以什么方式将工程项目的施工任务交给什么样的承包商来完成其建造任务？这就需要对建设工程市场做进一步的了解。

相关知识

一、建设工程市场的含义与分类

建设工程市场简称建设市场，是建筑市场的重要组成部分，是进行建筑商品和相关要素交换的场所，是建筑商品和相关服务的交换关系的总和。这个概念包含两层意思：一是建设工程市场是进行建筑商品交换的场所即地方，在那里建设单位决定将建设工程的建筑活动交予哪个建筑企业；二是建设工程市场是交换关系的体现，建设工程项目的建筑权、材料、重要设备的供应权等一旦确定，则供需双方的关系就随之确定，双方就必须按照合同履行义务。

建设工程市场分为有形市场和无形市场，如图 1.3 所示。

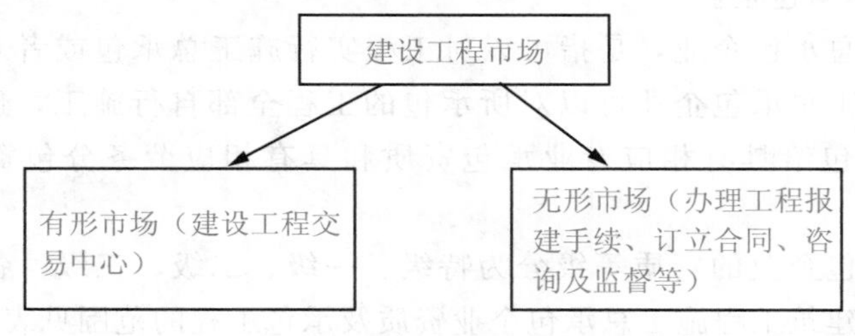

图 1.3 建设工程市场的分类

二、建设工程市场的主体、客体与竞争机制

(一)建设工程市场的主体

所谓建设工程市场的主体，是指建设工程活动的参与者，由建设单位(业主、发包方)、建筑业企业(承包方)和中介服务机构组成。

1. 建设单位

建设单位也就是我们通常所说的业主(甲方)，是指拥有相应的建设资金，办妥建设工程的所有手续，以建成该项目达到其使用、经营目的的政府部门、事业单位、企业单位和个人。所有的建设单位都有一个共同的目的——需要建筑产品。

2. 建筑业企业

建筑业企业也称为工程施工企业，是指从事土木工程、建筑工程、管道线路工程、设备安装工程、装饰工程的新建、改建和扩建活动的企业。在我国，建筑业企业按照其建设业绩、专业技术人员、管理水平、资金数量、技术装备等条件申请资质等级。取得相应的资质等级证书后，方可在其资质等级许可的范围内从事建设活动。

如图 1.4 所示，建筑业企业分为工程施工总承包企业、专业承包企业和劳务分包企业 3 个序列，各序列又划分为不同的资质等级。同时，各等级又规定了相应的工程承包范围。

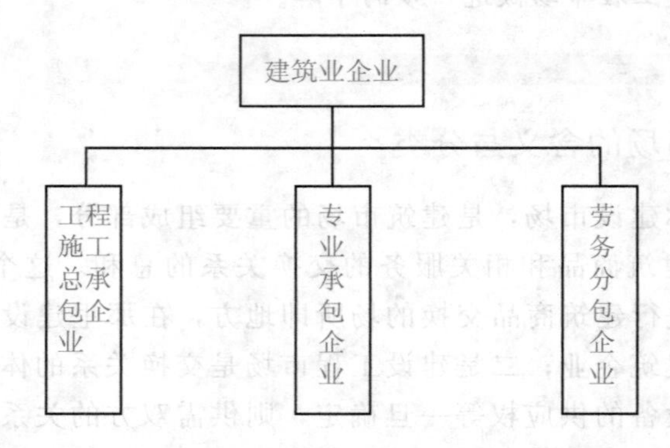

图 1.4　建设企业的划分

(1)工程施工总承包企业

所谓工程施工总承包企业，是指可以对工程实行施工总承包或者对主体工程实行施工承包的企业。施工总承包企业可以对所承包的工程全部自行施工，也可以将非主体工程或者劳务作业分包给具有相应专业承包资质和具有相应劳务分包资质的其他建筑业企业。

工程施工总承包企业的资质等级分为特级、一级、二级、三级，各级的资质条件在这里不详述。房屋建筑工程施工总承包企业资质及承包工程的范围见表 1.1。

表 1.1 房屋建筑工程施工总承包企业资质及承包工程的范围

资质等级	可承包工程范围
特级	可承担各类别房屋建筑工程施工
一级	可承担单项建筑工程合同额不超过企业注册资本金5倍的下列房屋建筑工程的施工：①40层以下各类跨度的房屋建筑工程；②高度240米及以下的构筑物；③建筑面积20万平方米及以下的住宅小区或建筑群体
二级	可承担单项建筑工程合同额不超过企业注册资本金5倍的下列房屋建筑工程的施工：①28层以下、单跨跨度36米以下的房屋建筑工程；②高度120米及以下的构筑物；③建筑面积12万平方米及以下的住宅小区或建筑群体
三级	可承担单项建筑工程合同额不超过企业注册资本金5倍的下列房屋建筑工程的施工：①14层以下、单跨跨度24米以下的房屋建筑工程；②高度70米及以下的构筑物；③建筑面积6万平方米及以下的住宅小区或建筑群体

(2)专项承包企业

专项承包企业是指以承包施工总承包企业分包的专业工程或业主按照规定发包的某些比较复杂，或专业性强、施工或制作要求特殊的单项工程承包的企业。专业承包企业可以对所承包的工程全部自行施工，也可以将劳务作业分包给具有相应劳务分包资质的劳务分包企业。

专项承包企业的资质等级由省、自治区、直辖市人民政府建设主管部门具体规定，可分为一、二、三级。下面以地基与基础工程专业承包企业为例，说明专业承包企业资质与承包工程范围，见表1.2

表 1.2 地基与基础工程专业承包企业资质及承包工程范围

资质级别	可承包工程范围
一级	可承担各类地基与基础工程的施工
二级	可承担工程造价1 000万元及以下的各类地基与基础工程的施工
三级	可承担工程造价300万元及以下的各类地基与基础工程的施工

(3)劳务分包企业

劳务分包企业是指承接施工总承包企业或专业承包企业分包的劳务作业的企业，包括木工作业劳务、砌筑作业、抹灰作业、石制作业、油漆作业、钢筋作业、混凝土作业、脚手架作业、模板作业、焊接作业、水暖电安装作业、钣金工程作业、架线工程作业13个类别。其资质等级分为一级、二级。下面以木工作业劳务分包企业为例，说明劳务分包企业资质与分包劳务作业范围，见表1.3。

表 1.3 木工作业劳务分包企业资质及分包劳务作业范围

资质级别	可承包工程范围
一级	可承担各类工程的木工作业分包业务，但单项业务合同额不得超过企业注册资本金的5倍
二级	可承担各类工程的木工作业分包业务，但单项业务合同额不得超过企业注册资本金的5倍

注：一级企业的注册资本30万元，二级企业注册资本10万元。

3. 工程监理单位

所谓工程监理单位，是指取得工程监理资质证书，具备法人资格的单位，即通过工程招标、投标中标对工程建设活动进行监督和管理的单位，属于工程咨询类企业。在工程建设中，监理单位接受业主的委托和授权，根据有关工程法律、法规及建设主管部门批准的工程项目建设文件、监理合同和其他工程建设合同，对工程建设项目实施阶段进行专业化监督和管理。

工程监理单位按照其拥有的注册资本、专业技术人员和工程监理业绩等资质条件申请资质。取得相应等级的资质证书后，方可在其资质等级许可的范围内从事工程监理活动。工程监理单位的等级分为甲、乙、丙三级。

(二)建设工程市场的客体

所谓建设工程市场的客体，是指建设工程市场交易的对象，包括各种形态的建筑商品(图 1.5)及相关要素。

图 1.5　建筑商品

(三)竞争机制

建设工程市场的竞争机制是通过工程的招标与投标，运用优胜劣败的法则进行的，由法律、法规和监管体系保证市场持续进行，保护市场主体的合法权益，与自由竞争相对立。

三、建设工程市场交易的特殊性

第一，主要交易对象的单件性。这是由建设工程项目的差异性、单件性决定的，在建设工程市场中不可能出现相同的建筑商品，因而建筑商品交易是单件交易，没有挑选的机会。

第二，交易对象的整体性和分部、分项工程相对独立性并存。建筑商品的交易是整体进行的，但施工中需要分部、分项验收，评定质量，分期拨付工程进度款等，承包商还可以将除主体工程之外的分部、分项工程进行分包，所以，建设工程交易中分部、分项工程具有相对的独立性。

第三，交易价格的特殊性。首先是按件计价，并且定价形式多样，如单件制、成本加酬金等方式定价；其次，价款的结算方式也多种多样，如预付制、按月结算、分段结算及工程竣工后一次结算等。

第四，交易活动不可逆转性。建筑商品是按照特定用户要求设计、施工的，无法满足其他用户的需求，交易关系一旦形成，设计、施工等承包必须按照约定履行义务，工程竣工后不可能退换。

四、影响建设工程市场竞争的主要因素

影响建设工程市场竞争的因素有很多，但主要的因素有以下4个方面(图1.6)。

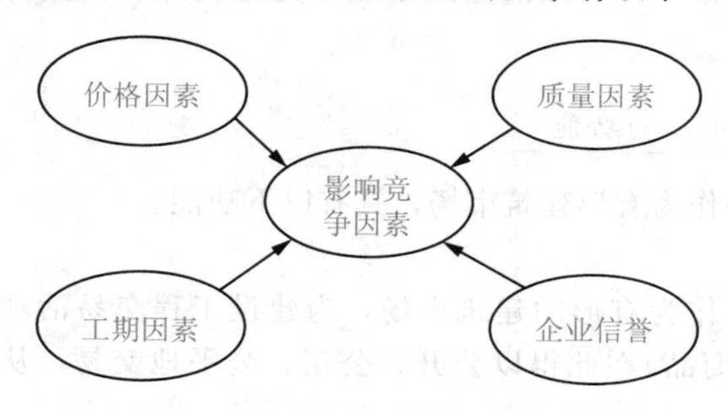

图1.6 影响建设工程市场竞争的主要因素

1. 价格因素

价格是市场竞争的主要内容，建筑商品的价格直接影响供需双方的收入、成本和利润。所以，对待建工程报价的高低直接影响建筑企业是否能够承包该工程及在建造中获利的高低。

2. 质量因素

工程质量是一个企业的生命，也是企业进入市场的准入证。工程质量优良，工程成本势必随之增高，即价格增高，工期也相应延长。作为建筑企业应该想办法在工程质量、工程价格、工期之间求得一个平衡点。

3. 工期因素

工程工期都是事先预定的，在一般情况下是固定的，如果遇到天气影响、工程资金不到位等情况，可能会导致工期延长。工期延长不仅会导致工程成本增高，还直接影响投资效益的早日发挥。所以，工期对建设单位和建筑企业都是十分关注的问题。

4. 企业信誉

企业信誉是一个企业在社会、用户中树立的形象，是企业的无形资产，它是由企业产品的质量、产品的价格、企业的管理水平等诸多因素决定的。只有具有良好的企业形象，才能得到社会认同，才可能占有更多的市场份额。

五、建设工程交易中心

1. 建设工程交易中心的性质

建设工程交易中心是依据国家法律、法规成立的，为建设工程交易活动提供相关服务，是不以营利为目的的，旨在为建立公开、公正、公平的招标和投标制度服务，是具有法人资格的服务性经济实体。

建设工程交易中心是一种有形的建筑市场，为建设工程(建筑商品)交易提供了固定的交易场所。

2. 建设工程交易中心的功能

建设工程交易中心作为有形建筑市场，具有以下功能。

(1)场所服务功能

建设工程交易中心作为有形的建筑市场，为建设工程交易活动提供固定的场所和设施，使建设工程(建筑商品)在此得以公开、公正、公平地交易，从而使我国的招标投标制度愈加规范。

(2)信息服务功能

首先，建设工程交易中心及时地发布工程、法律法规、价格、承包商、咨询单位、专业技术人才等信息。

其次，建设工程交易中心向建设单位提供建设工程相关的法律、法规等信息咨询。

(3)集中办公功能

建设工程交易中心作为有形建筑市场，为工程报建、招标登记、承包商资质审查、合同登记、质量报监、申领施工许可证等相关管理部门在此集中办公提供场所，有利于建设行政主管部门提供更好的服务和实施监督与管理。

3. 建设工程交易中心的管理

在我国，省辖市、地区和县级市，以及固定资产投资规模较大和工程数量较多的县，应建立建设工程交易中心。建设工程交易中心要逐步建成包括建设项目、工程报建、招标投标、承包商、中介机构、材料设备价格和有关法律、法规等的信息中心。

按照规定，新建、改建、扩建在限额以上的建设工程，包括各类房屋建筑、土木工程、设备安装、管道线路铺设、装饰装修等专业工程的施工、监理、中介服务、材料设备采购，都必须在有形建筑市场进行交易。

各级建设行政主管部门依法对建设工程交易活动进行管理，并协调有关职能部门进驻建设工程交易中心联合办公，维护交易中心的正常工作秩序；查处建设工程交易活动中的违法违规行为。

【实训 1.3】

某县设建设工程交易中心主要从事的事项有：进行建设信息的收集与发布、办理工程报建手续、订立合同及委托、进行工程质量及安全文明施工监督和建设监理、为建设活动的双方提供政策法规及技术经济等咨询服务。分析：

1)该县能不能设建设工程交易中心？条件是什么？

2)该县建设工程交易中心从事的业务是哪种类型？

任务3 建设工程项目招标、投标的方式和原则

引发问题：

招标与投标；招标原则；招标范围(标段)；招标方式及适用情况；招标、投标程序及工作内容。

相关知识

招标投标是市场经济的一种竞争方式，实质上它是订立合同的一个特殊程序，主要适用于建设工程的勘察、设计、建筑施工等大宗业务承揽及材料、设备采购等业务。

一、建设工程招标、投标及其意义

1. 建设工程招标

建设工程招标是指招标人(业主)就拟建工程项目发出要约邀请，并根据公布的标准和条件对应邀参与竞争的承包(供应)商进行审查、评选，从中择优选定中标人的单方行为。

实行建设工程招标，业主要根据自己的建设目标明确特定工程项目的建设地点、工程规模、质量标准和工程进度等，使自愿参加投标的承包人按照业主的要求投标，业主根据其投标报价、专业技术水平、施工能力、施工经验、财务状况和企业信誉等方面进行全面、综合分析，择优选定中标人并与之签订合同。

2. 建设工程投标

建设工程投标是承包(供应)商针对业主的要约邀请，以明确的价格、期限、质量等具体条件，以书面形式向业主发出要约，通过竞争获得建设工程建筑权的行为。

招标、投标是一种法律行为，招标、投标的过程是要约和承诺的实现过程，是当事人双方合同法律关系的产生过程。由于招标缺少合同成立的重要条件——价格，所以，招标不构成合同签订程序中的要约，而只是一种要约邀请。但这并不意味着招标人可以不受其招标行为的约束，根据《中华人民共和国合同法》的规定，招标人一旦进入招标程

序，就应承担缔约责任。所以，在招标、投标工程中，招标是一种要约邀请，投标是一种要约行为，签发中标通知书是一种承诺行为。

3. 建设工程招标、投标的意义

如图1.7所示，建设工程招标、投标具有如下三方面意义。

首先，有利于规范建设工程市场主体的行为。建设工程市场主体的合格程度直接关系到建设工程市场的发展，这就需要通过招标、投标相关的法律约束，使建设工程市场的主体逐步规范。比如，承包(供应)商通过招标、投标竞争机制，想办法提高工程质量、缩短工期、降低成本。

其次，有利于形成良性的建设工程市场运行机制。通过招标、投标，真正体现公平竞争、优胜劣汰的市场法则。

再次，有利于建筑产品早日发挥效用。

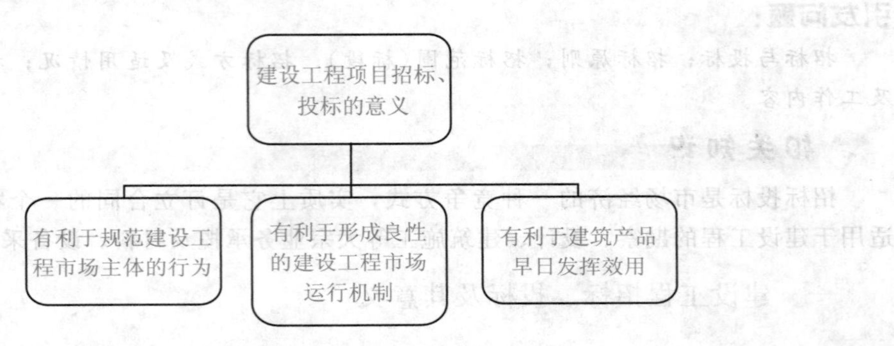

图1.7 建设工程项目招标、投标的意义

二、建设工程招标的方式

根据《中华人民共和国招标投标法》的规定，招标分为公开招标与邀请招标两种方式。

1. 公开招标

公开招标也被称为无限竞争招标，是指招标人按照法定程序，在国家规定的刊物或媒体上以招标公告(资格预审公告)的方式邀请不特定的法人或其他组织投标。可以看出，公开招标的特点如下。

1)公开招标采用公告的方式，是通过发布招标公告或资格预审公告进行。

2)参加投标竞争的对象是不特定的法人或其他组织。

3)参加投标竞争的人数不受限制。

公开招标的优势如下。

1)有利于发掘潜在的投标人。对于招标人来说，了解和掌握的建筑企业毕竟有限，通过公开招标，能吸引一些经济实力强、施工经验丰富、在业内享有很好声誉的投标人参加竞争。

2)有利于降低工程造价、保证工程质量及缩短工期。公开招标的方式不仅为承包人提供了公平竞争的机会，同时也使业主有较大的选择余地，在其他条件大致相同的条件下，业主首先选择报价较低的投标人为中标人。另外，择优选定的中标人通常都是最具竞争力的，一般情况下，工程质量和工期都能得到很好的保证。

公开招标的缺点是招标花费时间长、招标成本大。采用公开招标方式招标，投标人数虽多但良莠不齐，这就需要对投标人的资格进行严格的预审。另外，公开招标是根据投标人的书面材料选定中标人，有时候，书面材料与企业的实际情况还是有一定差距的。

2. 邀请招标

邀请招标又称为有限竞争招标或选择性招标，是指招标人根据自己的经验和掌握的信息资料，以投标邀请书的方式选择并邀请特定的法人或其他组织投标的一种招标方式。一般情况下，邀请的投标人不得少于3家。

邀请招标的最大优势就是招标成本低，招标所用时间较公开招标短。由于邀请招标中的受邀请对象基本是招标单位熟知的，招标单位对它们是否具备资质条件、是否具备承担工程承包条件都是了解的。

邀请招标的最大缺点是限制竞争，不利于有条件的投标人参加竞争。

3. 公开招标与邀请招标的区别

公开招标与邀请招标是现在常用的两种招标方式，两者的区别主要表现在：发布招标信息的方式不同、选择的范围不同、竞争的激烈程度不同、公开程度不同、招标时间和招标费用不同，具体如图1.9所示。

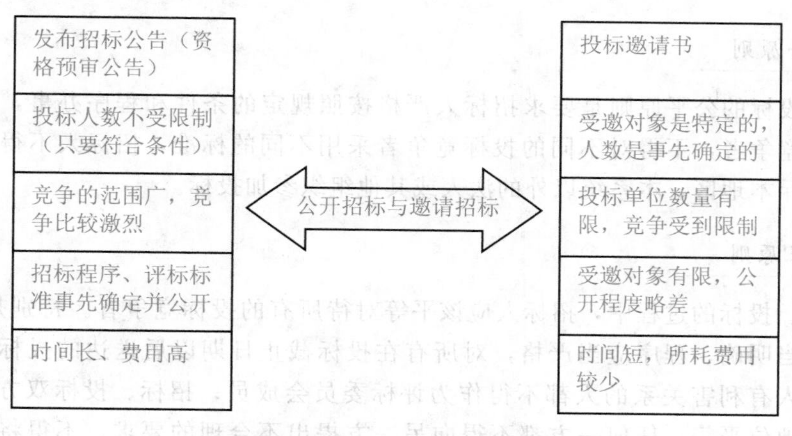

图1.9 公开招标与邀请招标的区别

三、对投标人资格进行审查的方式

一般来说，资格审查分为资格预审和资格后审两种。

1. 资格预审

资格预审是指在投标前对潜在投标人进行的资格审查。主要审查潜在投标人的资质条件、业绩、信誉、技术、资金等多方面的情况。只有资格审查合格的潜在投标人(或投标申请人)才能参加投标。

2. 资格后审

资格后审是指在投标后(开标后)对投标人进行的资格审查。在招标文件中加入资格审查的内容，投标人在填报投标文件的同时，按要求填写资格审查资料。评标委员会在正式评标前对投标人进行资格审查，对资格审查合格的投标人进行评审，对不合格的投标人不进行评审。

本书内容按资格预审进行阐述。

四、建设工程招标、投标的原则

1. 公开原则

招标、投标的公开原则主要是要求招标活动的信息公开。采用公开的招标方式，依法必须进行公开招标的工程项目，必须通过国家指定的报刊、信息网络或其他公共媒体发布公开的招标公告。另外，招标公告、资格预审公告、招标邀请函都应该载明能基本满足潜在投标人决定是否参加投标竞争所需要的信息。还有，开标的程序、评标的标准和程序及中标的结果都应该公开。

2. 公平原则

招标、投标的公平原则是要求招标人严格按照规定的条件和程序办事，平等地对待每一个投标竞争者，不得对不同的投标竞争者采用不同的标准，招标人不得以任何方式限制或者排斥本地区、本系统以外的法人或其他组织参加投标。

3. 公正原则

在招标、投标的过程中，招标人应该平等对待所有的投标竞争者。特别是在评标时，评标标准应当明确、程序应当严格，对所有在投标截止日期以后送达的投标书都应当拒收；与投标人有利害关系的人都不得作为评标委员会成员；招标、投标双方在招标、投标过程中的地位平等，任何一方都不得向另一方提出不合理的要求，不得将自己的意志强加给对方。

4. 诚实信用原则

诚实信用原则是订立合同的基本原则，也是建设工程市场规范的基本前提。要求招标、投标的双方首先要诚实，例如，招标方应当将建设工程资金落实、建设所需手续办理齐全时招标；投标方严格按照建设工程招标条件和自身的实力竞争投标。其次，招标、投标双方要守信，双方应当履行事先的承诺。

【实训 1.4】

图 1.10 说明什么问题？

图 1.10　如此“公开招标”

任务 4　建设工程招标的类型、范围及程序

引发问题：

在教学楼建设工程中建筑面积 7 200 多平方米，工期为 10 个月，建设资金全部通过地方财政拨款。按照规定该项目应采取什么方式进行招标？

相关知识

一、建设工程招标的类型(项目)

建设工程招标常见的有总承包招标和分项直接招标两种。

总承包招标又称为建设工程全过程招标，在国外被称为“交钥匙”承包方式，是指从建设工程项目立项到建设工程交付使用的过程的全部工作交予一个承包商承包，如图 1.11所示。

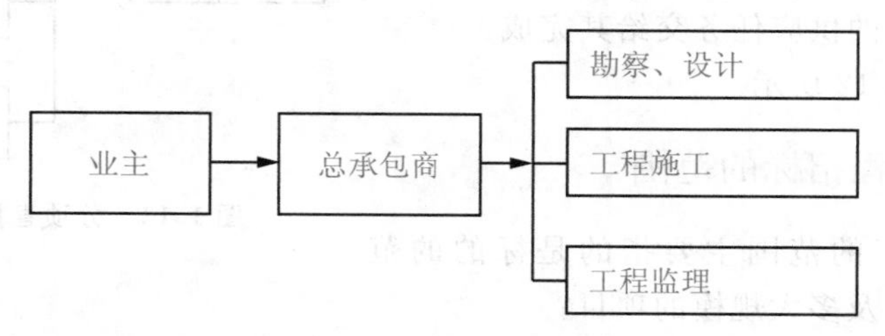

图 1.11　总承包招标

分项直接招标是按照建设工程的建设程序，将全部工作划分前后相连的阶段，按每一阶段的工作内容分别招标，主要如下。

1. 建设工程勘察招标

建设工程勘察招标是指招标人就拟建的建设工程项目的勘察任务发布公告，以法定的方式吸引勘察单位竞争投标，招标人按照事先约定的条件，对参与竞争的投标单位进行审查，并从中择优选定中标单位，然后将建设工程的勘察任务交给其完成。

2. 建设工程设计招标

建设工程设计招标是指招标人就拟建的建设工程项目的设计任务发布公告，以法定的方式吸引设计单位竞争投标，招标人按照事先约定的条件，对参与竞争的投标单位进行审查，并从中择优选定中标单位，然后将建设工程的设计任务交给其完成。

3. 建设工程施工招标

建设工程施工招标是指招标人就拟建的建设工程项目，按照规定发布公告或邀请，以法定的方式吸引建筑工程施工企业参加竞争投标，招标人按照事先约定的条件，对参与竞争的投标单位进行审查，并从中择优选定中标单位，然后将建设工程的施工任务交给其完成。本书重点介绍建设工程施工招标与投标。

4. 建设工程监理招标

建设工程监理招标是指招标人按照国家的有关规定，发布公告或邀请，以法定的方式吸引建设工程监理单位参加竞争，招标人按照事先约定的条件从中择优选定中标单位，将工程项目的监理任务交给其完成。

5. 建设工程材料、设备招标

建设工程材料、设备招标是指招标人就拟购买的材料、设备发布公告或邀请，以法定的方式吸引建设工程材料设备供应商参加竞争投标，招标人按照事先约定的条件，对参与竞争的投标单位进行审查，并从中择优选定中标单位，然后将建设工程材料设备的供应任务交给其完成。

其关系如图 1.12 所示。

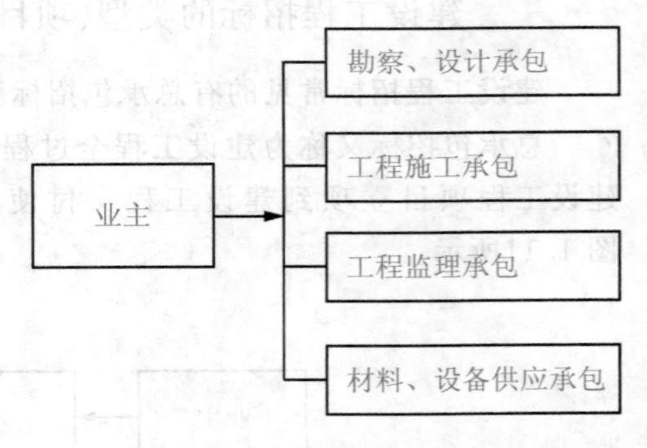

图 1.12　分项直接招标的关系

二、建设工程招标的范围

建设工程招标的范围主要指的是标的的范围，包括哪些项目及多大规模的项目？

(一)必须进行公开招标的工程范围及工程标准

1. 必须进行公开招标的工程范围

根据《中华人民共和国招标投标法》的规定，凡在中华人民共和国境内进行工程建设项目(见图1.13、表1.4)，包括项目的勘察、设计、施工、监理及与工程相关的重要设备、材料等的采购必须进行公开招标。

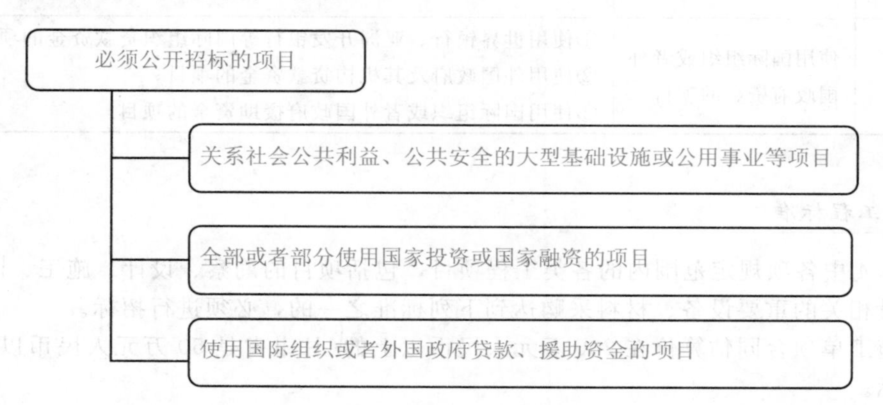

图1.13 必须公开招标的项目

表1.4 建设工程项目公开招标范围

序号	工程项目范围	有关具体内容
1	关系社会公共利益、公共安全的基础设施项目	①煤炭、石油、天然气、电力、新能源项目； ②铁路、公路、管道、水运、航运及其他交通运输业等交通运输项目； ③邮政、电信枢纽、通信、信息网络等邮电通信项目； ④道路、桥梁、地铁和轻轨交通、污水排放及处理、垃圾处理、地下管道、公共停车场等城市设施项目； ⑤其他设施项目
2	关系社会公共利益、公共安全的公用事业项目	①供水、供电、供气、供热等市政工程项目； ②科技、教育、文化等项目； ③体育、旅游等项目； ④卫生、社会福利等项目； ⑤商品住宅，包括经济适用房； ⑥其他公用事业项目
3	使用国家投资项目	①使用各级财政预算资金的项目； ②使用纳入财政管理的各种政府性专项建设基金的项目； ③使用国有企业事业单位自有资金，并且国有资产投资者实际拥有控股权的项目

（续表）

序　号	工程项目范围	有关具体内容
4	国家融资项目	①使用国家发行债券所筹资金的项目； ②使用国家对外借款或者担保所筹资金的项目； ③使用国家政策性贷款的项目； ④国家授权投资主体融资的项目； ⑤国家特许的融资项目
5	使用国际组织或者外国政府资金的项目	①使用世界银行、亚洲开发银行等国际组织贷款资金的项目； ②使用外国政府及其机构贷款资金的项目； ③使用国际组织或者外国政府援助资金的项目

2. 工程标准

表1.4中各项规定范围内的各类工程项目，包括项目的勘察、设计、施工、监理及与工程建设相关的重要设备、材料采购达到下列标准之一的，必须进行招标。

1)施工单项合同估算价在200万元人民币以上的(甘肃省是50万元人民币以上)必须进行招标。

2)重要设备、材料等货物的采购，单项合同估算价在100万元人民币以上的(甘肃省是30万元人民币以上)必须进行招标。

3)勘察、设计、监理等服务的采购，单项合同估算价在50万元人民币以上的(甘肃省是30万元人民币以上)必须进行招标。

4)单项合同估算价低于以上三项规定的标准，但工程项目总投资额在3 000万元人民币以上的(甘肃省是1 000万元人民币以上)必须进行招标。

(二)采用邀请招标的工程项目

1)工程项目复杂或有特殊要求，只有少量几家潜在投标人可供选择的工程项目。

2)受自然环境限制的工程项目。

3)涉及国家安全、国家秘密或者抢险救灾，适宜招标但不宜公开招标的工程项目。

4)拟公开招标的费用与项目的价值相比，不值得的工程项目。

5)法律、法规规定不宜公开招标的工程项目。

国家重点项目的邀请招标，应当经国务院发展计划部门批准；地方重点项目的邀请招标，应当经各省、自治区、直辖市人民政府批准。

(三)可以不进行招标的工程项目

1)涉及国家安全、国家秘密或者抢险救灾而不适宜招标的。

2)属于利用扶贫资金实行以工代赈需要使用农民工的。

3)施工主要技术采用特定的专利或者专有技术的。

4)施工企业自建自用的工程，且该施工企业资质等级符合工程要求的。

5)在建工程追加的附属小型工程或者主体加层工程，原中人仍具有承包能力的。

6)法律、行政法规规定的其他情形。

三、招标、投标的程序

招标、投标程序即招标、投标工作的先后顺序，这项工作内容有17项，分3个阶段，下面进行简单介绍。

1. 招标准备阶段

在招标准备阶段，招标人或招标代理人的主要工作内容如下。

(1)办理工程报建手续

招标人持立项批准文件、固定资产投资许可证、建设工程规划许可证、资金证明等，到建设行政主管部门办理工程报建手续。

(2)选择招标方式

招标人按照法律、法规和规章确定采用公开招标或邀请招标。

(3)编制招标有关的文件和标底

招标有关文件：资格审查文件、招标文件、合同协议条款、评标办法、招标项目的标底(项目的预期价格)。

(4)办理招标备案

招标人自行办理招标事宜的，按规定向建设行政主管部门备案；委托代理招标事宜的，应与招标代理机构签订委托代理合同。

招标准备阶段的工作流程如图1.14所示。

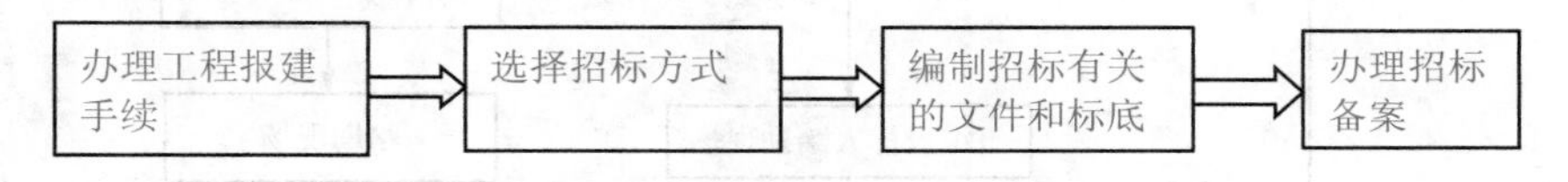

图1.14 招标准备阶段的工作流程

2. 招标、投标阶段

招标、投标阶段的主要工作内容如下。

(1)发布招标公告(资格预审公告)或投标邀请书

实行公开招标的，招标人应在国家或地方指定的报刊、网络上发布招标(资格预审)公告；实行邀请招标的，应向3个以上符合资质条件的投标人发送投标邀请书。

(2)资格预审

实行资格预审的招标工程项目，招标人审查资格预审申请书，确定合格投标申请人，向合格投标申请人发放资格预审合格通知书。

(3)发放招标文件

招标人将编制好的招标文件发售给合格的投标申请人，并向建设行政主管部门备案。

(4)现场勘查

招标人按照招标文件规定的时间，组织投标人踏勘现场。

(5)标前会议(又称招标预备会议、投标预备会议)

招标人接受投标人在踏勘现场时提出的问题，并以书面形式、召开答疑会的形式答疑，将答疑纪要或答疑会纪要发给所有投标人并备案。

(6)招标文件的澄清与修改

招标人对招标文件中含义表达不清的或者错误的内容进行澄清与修改，将澄清与修改以书面形式发给所有投标人并备案。

(7)投标人递交投标文件

招标人接收投标人递交的投标文件、投标担保。

施工招标、投标程序的流程如图 1.15 所示。

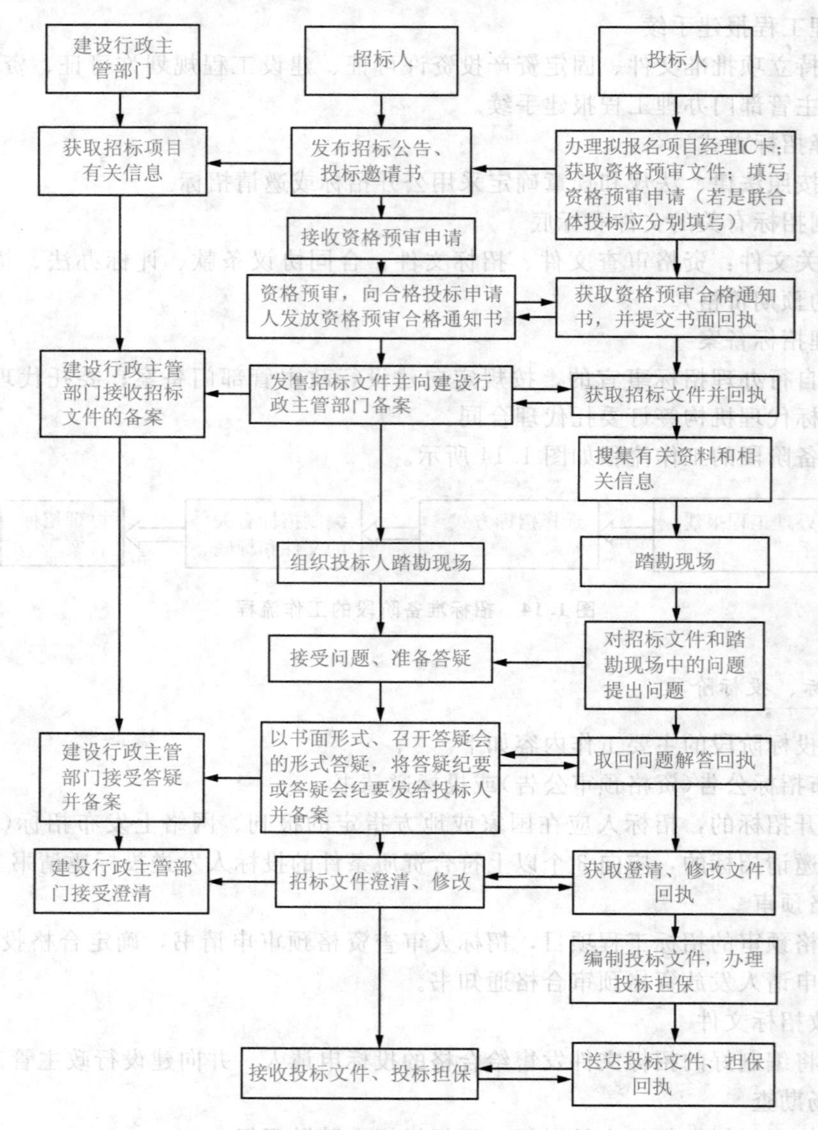

图 1.15　施工招标、投标程序的流程

3. 定标、签约阶段

定标、签约阶段的主要工作内容如下。

1)开标。开标由招标人组织，有投标人代表等人员及机构代表参加，在招标文件规定的时间及地点进行。

2)评标。

3)定标。

4)签约。

施工招标、投标程序开标、评标、定标、签约的流程如图1.16所示。

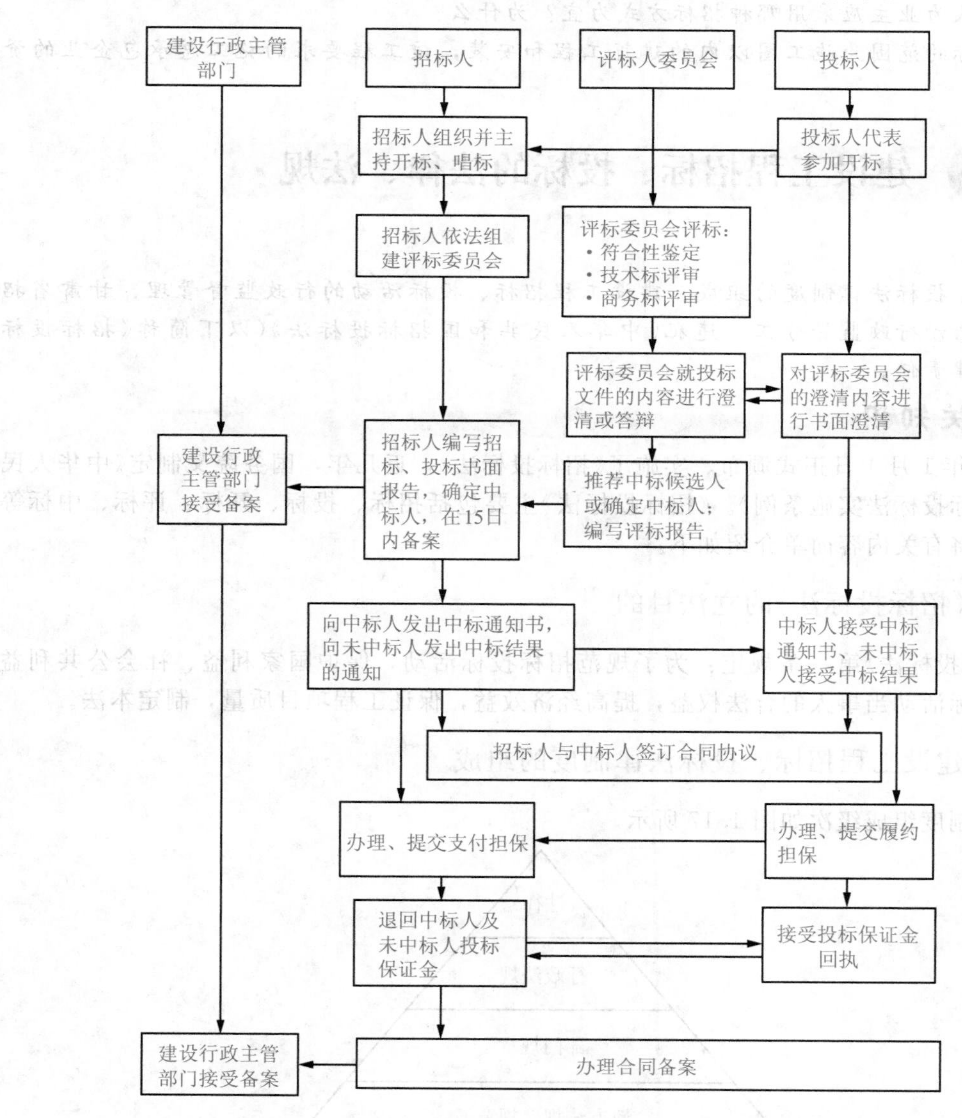

图1.16　施工招标、投标程序开标、评标、定标、签约的流程

总之，在招标、投标的过程中，涉及的单位有招标单位、投标单位及建设行政主管部门，在第一阶段，基本是招标单位与建设行政主管部门的活动；第二阶段基本是招标单位、投标单位之间的活动；第三阶段的活动招标单位、投标单位及建设行政主管部门都参与。

【实训 1.5】

某钢筋混凝土框架结构 30 层办公及住宅两用的工程项目，质量要求达到国家优良标准，地质条件良好，施工图纸齐备，现场已完成“三通一平”工作，满足开工条件。建设资金由地方财政拨款及自筹解决，业主已落实自筹部分的建设资金。

问题：

1)你认为业主应采用哪种招标方式为宜？为什么？

2)招标的范围为施工图以内的建筑工程和安装，该工程要求的施工总承包企业的资质是什么？

任务 5　建设工程招标、投标的法律、法规

引发问题：

招标、投标法律制度的组成、建设工程招标、投标活动的行政监督管理、甘肃省招标、投标活动行政监督分工、违犯《中华人民共和国招标投标法》(以下简称《招标投标法》)的法律责任。

相关知识

2000 年 1 月 1 日正式颁布、实施了《招标投标法》，近几年，国务院又制定《中华人民共和国招标投标法实施条例》。《招标投标法》主要包括招标、投标、开标、评标、中标等内容，现将有关内容简单介绍如下。

一、《招标投标法》的立法目的

《招标投标法》第一条规定：为了规范招标投标活动，保护国家利益、社会公共利益和招标投标活动当事人的合法权益，提高经济效益，保证工程项目质量，制定本法。

二、建设工程招标、投标法律制度的组成

法律制度组成级次如图 1.17 所示。

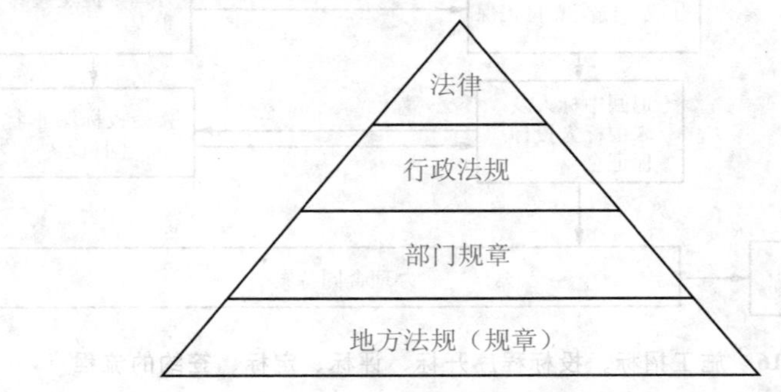

图 1.17　法律制度组成级次

1)法律是由全国人民代表大会及其常务委员会制定并颁布的，建设工程招标、投标活动要遵循的法律有《中华人民共和国建筑法》和《招标投标法》。

2)行政法规是由国务院及国家相关部、委颁布或联合颁布的规范性文件，建设工程招标、投标活动要遵循的行政法规有《建设工程质量管理条例》、《建设工程安全生产管理条例》等。

3)建设工程招标、投标活动要遵循的部门规章有《工程建设项目招标范围和规模标准规定》、《评标委员会和评标办法暂行规定》、《工程建设项目施工招标投标办法》。

4)建设工程招标、投标活动要遵循的地方法规(规章)。地方法规是指地方人民代表大会及其常务委员会制定的规范性文件；地方规章是指地方政府颁布的规范性文件。建设工程招标、投标活动要遵循的地方法规(规章)如《甘肃省招标投标条例》、《甘肃省建设工程管理条例》等。

三、建设工程招标、投标活动的行政监督管理

行政监督管理是指国家行政机关和行使管理权的单位对于所监督对象执行法律、法规、行政决定的情况所进行的调查、统计、监察、督促，并提出处理意见的行政行为。建设工程招标、投标活动的行政监督管理是指建设行政主管部门对建筑施工企业执行招标、投标法律、法规中的行为所进行的监督管理。

建设工程招标、投标活动的行政监督管理依据在《招标投标法》第七条有明确的规定。

第一款：招标、投标活动及其当事人应当接受依法实施的监督。

第二款：有关行政监督部门依法查处招标、投标活动中的违法行为。

第三款：对招标、投标活动的行政监督及有关部门的具体职权划分，由国务院规定。

四、甘肃省招标、投标活动的行政监督分工

甘肃省招标、投标活动的行政监督分工与国家的基本一致，《甘肃省招标投标条例》第二条做了明确的规定。

1)省发展和改革行政主管部门指导和协调全省的招标、投标工作，对全省重大工程建设项目的招标、投标活动进行监督检查。

2)省建设行政主管部门负责房屋建筑及其附属设施的建造和与其配套设施的安装项目、市政工程项目的招标、投标活动的监督执法。

3)省商务行政主管部门负责进口机电、设备采购项目招标、投标的监督执法。

4)市、州人民政府有关行政主管部门按照职责分工和相关规定，对本行政区域内本行业招标、投标活动实施监督。

五、违反《招标投标法》的法律责任

1. 违反《招标投标法》的法律责任及其类型

违反《招标投标法》的法律责任是指违反法律、法规及规章规定的义务，应承担的法

律责任即法律后果。由于违法行为的性质和危害程度不同，所以行为人要承担的法律责任也不同。法律责任分为行政责任、民事责任和刑事责任。《招标投标法》第四十九条至六十四条对招标人、投标人、评标委员会成员、招标代理机构、中标人及其他相关责任人的法律责任作出专门的规定，有关内容分别在招标、投标、评标及定标中讲述，这里只介绍其他相关单位。

2. 其他相关单位或个人违反《招标投标法》的法律责任

1)任何单位违反《招标投标法》规定，限制或者排斥本地区、本系统以外的法人或者其他组织参加投标的，为招标人指定招标代理机构的，强制招标人委托招标代理机构办理招标事宜的，或者以其他方式干涉招标、投标活动的，责令改正，对单位直接负责的主管人员和其他直接责任人员依法给予警告、记过、记大过的处分；情节较重的，依法给予降级、撤职、开除的处分。个人利用职权进行上述违法行为的，依照上述规定追究责任。

2)对招标、投标活动依法负有行政监督职责的国家机关工作人员徇私舞弊、滥用职权或者玩忽职守，构成犯罪的，依法追究刑事责任；不构成犯罪的，依法给予行政处分。

甘肃省也根据《招标投标法》的规定，在《甘肃省招标投标条例》关于法律责任的规定中，对招标人、投标人以及其他相关人的法律责任作了专门规定，在这里不再详述。

【实训 1.6】

从图 1.18 中你能发现招标、投标存在的问题是什么？

图 1.18　招标、投标存在的问题

巩固与提高

一、单项选择题

1. 下列项目中，不属于建设工程项目特点的是(　　)。

A. 综合性　　B. 流动性　　C. 固定性　　D. 多样性

2. 下列项目中，属于工程建设活动特点的是(　　)。

A. 综合性　　B. 流动性　　C. 复杂性　　D. 多样性

3. 工程建设活动的流动性是由工程的(　　)引起。

A. 连续性　　B. 固定性　　C. 复杂性　　D. 多样性

4. 建设工程监理单位的工作性质属于(　　)。

A. 工程管理　　B. 工程监督　　C. 工程策划　　D. 工程咨询

5. 下列项目中，属于工程施工总承包企业资质等级的是(　　)。

A. 一级、二级、三级　　B. 一级、二级、三级、四级

C. 特级、一级、二级、三级　　D. 特级、一级、二级

6. 下列项目中，属于建设工程市场主体的项目是(　　)。

A. 业主、承包商、供应商　　B. 业主、承包商、中介机构

C. 承包商、供应商、中介机构　　D. 业主、供应商、中介机构

7. 下列项目中，不属于建设工程交易特点的项目是(　　)。

A. 交易对象的单件性　　B. 交易对象的整体性

C. 交易价格的固定性　　D. 交易活动的不可逆转性

8. 下列项目中，不属于建设工程交易中心功能的项目是(　　)。

A. 场所服务功能　　B. 集中办公功能

C. 信息服务功能　　D. 监管工程功能

9. 下列不属于《工程项目招标范围和规模标准规定》中关系社会公共利益、公众安全的基础设施项目的是(　　)。

A. 煤炭、石油、天然气、电力、新能源等能源项目

B. 铁路、公路、管道、水运、航空等交通运输项目

C. 商品住宅，包括经济适用房

D. 其他设施项目

10. 从行为的法律性质上说，工程招标属于(　　)。

A. 要约　　B. 承诺　　C. 要约邀请　　D. 反要约

11. 公开招标也称无限竞争招标，是指招标人以(　　)的方式邀请不特定的法人或者其他组织投标。

A. 投标邀请书　　B. 合同谈判　　C. 行政命令　　D. 招标公告

12. 公开招标和邀请招标在招标程序上的差异是(　　)。

A. 是否进行资格预审　　B. 是否组织现场踏勘

C. 是否解答投标单位的质疑　　D. 是否公开开标

13.《中华人民共和国招标投标法》于(　　)起开始实施。

A. 2000年1月1日　　B. 1999年1月1日

C. 2000年7月1日　　D. 1999年7月1日

14. 下列属于建设工程行政法规的是(　　)。

A.《招标投标法》　　B.《建筑法》

C.《工程建设项目施工招标投标办法》　　D.《建设工程安全生产管理条例》

15. 下列项目中不属于违反《招标投标法》法律责任的是(　　)。

A. 行政责任　　B. 赔偿责任　　C. 民事责任　　D. 刑事责任

二、多项选择题

1. 下列项目中，属于工程项目建设活动特点的项目是(　　)。

A. 工程施工周期长　　B. 工程施工协作性强

C 工程施工活动具有固定性　　D. 工程施工活动具有流动性

2. 资质为一级的房屋建筑工程企业承担工程的范围有(　　)。

A. 30层以下、各类跨度的房屋建筑工程

B. 高度240m及以下的建筑物

C. 建筑面积20万m^2及以下的住宅小区

D. 建筑面积20万m^2及以下的建筑群体

3. 下列项目中，属于劳务作业项目的是(　　)。

A. 木工作业　　B. 土石方作业

C. 抹灰作业　　D. 油漆作业

4. 下列项目中，属于建筑业企业的是(　　)。

A. 施工总承包企业　　B. 专业承包企业

C. 劳务分包企业　　D. 工程监理企业

5. 企业资质等级应考虑的因素有(　　)。

A. 建设业绩　　B. 专业技术人员

C. 注册资本金　　D. 企业员工人数

6. 建设工程承包的方式有(　　)。

A. 总承包　　B. 劳务分包

C. 联合承包　　D. 工程监理承包

7. 建设工程交易中心的基本功能有(　　)。

A. 场所服务功能　　B. 集中办公功能

C. 信息服务功能　　D. 监管工程功能

8. 在我国，可以设置建设工程交易中心的有(　　)。

A. 省辖市　　B. 地级市

C. 县级市　　D. 县

9. 获得施工总承包资质的企业，可以(　　)。

A. 对所承接的工程全部自行施工　　B. 对主体工程实行施工承包

C. 对工程实行施工总承包　　D. 将主体工程分包给其他单位

10. 根据《招标投标法》的规定，招标方式分为(　　)。

A. 公开招标　　B. 协议招标

C. 邀请招标　　D. 指定招标

11.《招标投标法》规定招标、投标活动应当遵循(　　)原则。

A. 公开　　B. 公正

C. 公平　　D. 守法

12. 建设工程项目公开招标的范围包括(　　)。

A. 关系社会公共利益、公众安全的基础设施项目

B. 关系社会公共利益、公众安全的大型公用事业项目

C. 全部或部分使用国有资金投资或者国家融资的项目

D. 利用扶贫资金实行以工代赈，需要使用农民工的项目

三、判断题

1. 工程项目建设是为了取得固定资产，所以工程建设活动具有固定性。　(　　)

2. 工程施工活动可以不受自然条件的约束。　(　　)

3. 工程施工总承包企业资质等级为特级、一级、二级和三级。　(　　)

4. 二级专项承包企业可承担工程造价500万元以下的各类地基与基础工程施工。　(　　)

5. 建设工程交易中心为有形建设工程市场。　(　　)

6. 建设工程市场竞争机制是通过招标与投标，运用优胜劣汰法则进行的。　(　　)

7. 直接发包是由业主将工程的设计、施工等具体任务直接交给承包单位完成。　(　　)

8. 在联合承包中，对联合体各方的资质条件没有明确的规定。　(　　)

9. 招标不构成合同签订程序的要约，而只是一种要约邀请。　(　　)

10. 公开是订立合同的基本原则，也是建设工程市场规范的基本前提。　(　　)

11. 关系社会公共利益、公众安全的基础设施项目或大型公用事业项目必须进行公开招标。　(　　)

12. 施工单项合同估算价在200万元人民币以上的商品住宅(包括经济适用房)必须进行公开招标。　(　　)

13. 公开招标也称无限竞争招标。　(　　)

项目 2

建设工程项目施工招标

经建设行政主管部门批准，该教学楼工程向本市招标管理局招标备案，并进行公开招标。

任务 1 建设工程招标条件、审批手续办理、招标前的工作内容

引发问题：

《招标投标法》、《工程建设项目施工招标投标办法》、《甘肃省房屋和市政设施工程招标投标管理办法》对工程项目施工招标的条件规定；招标准备阶段的工作内容。

相关知识

一、工程项目施工招标条件——工程条件

1. 《招标投标法》对工程项目施工招标条件的规定

《招标投标法》对工程施工招标的条件作出如下规定：一是招标项目按照国家规定需要履行项目审批手续的，应当先履行审批手续，取得批准；二是招标人应当有进行招标项目的相应资金或者资金来源已经落实，并应当在招标文件中如实载明。

2. 《工程建设项目施工招标投标办法》对工程项目施工招标条件的规定

2003 年 5 月 1 日开始实施的《工程建设项目施工招标投标办法》对建设单位及工程项

目施工招标条件作了明确的规定，即依法必须招标的工程建设项目应当具备下列条件才能进行施工招标。

1)初步设计及概算应当履行审批手续，已经批准。

2)招标范围、招标方式和招标组织形式应当履行审批手续，已经批准。

3)有相应的资金且资金来源已经落实。

4)有招标所需的设计图纸及技术资料。

3. 甘肃省对工程项目施工招标条件规定

甘肃省也根据《招标投标法》、《工程建设项目施工招标投标办法》，制定了《甘肃省房屋和市政设施工程招标投标管理办法》，规定依法必须招标的工程建设项目应当具备下列条件，才能进行施工招标。

1)建设工程规划许可证。

2)初步设计批准文件。

3)施工图审查批准书。

4)金融机构出具的工程建设资金担保。

5)必须公开招标不适宜公开招标的建设项目，进行邀请招标的，须附省人民政府的批准文件。

6)招标人委托代理机构招标，招标代理机构向中标人收取服务费的，应当提供招标代理机构与该项目所有投标人签订的收取中标服务费的协议书。

7)招标所需设计图纸及技术资料。

8)实行项目管理的，项目管理人在符合上述1)～7)项要求的同时，还应当出具招标人的委托书和中标人与项目管理人签订的协议书。

二、工程项目招标的工作程序

招标的工作程序是指招标工作按照规定的工作内容和要求在一定的时间、空间运作的先后顺序或步骤。招标、投标活动共分为3个程序，如图2.1所示。

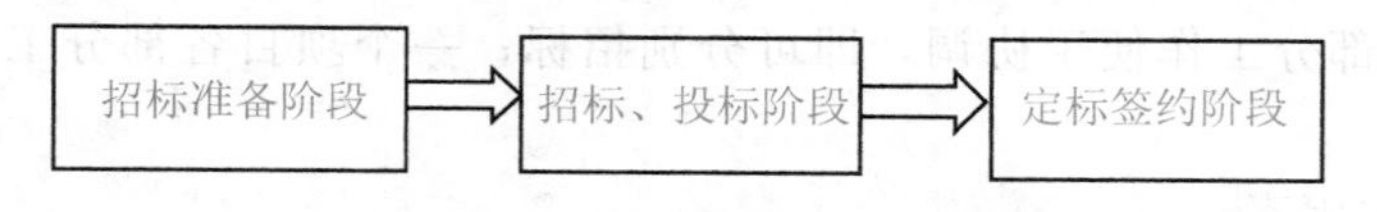

图2.1 招标、投标活动的程序

招标作为招标、投标整体活动不可分割的部分，重点体现业主在整个招标、投标活动中的工作，其中有的工作可以独立完成，而有的工作必须与投标人相互配合才能完成，所以，招标工作贯穿于整个招标、投标活动的始终。在招标准备阶段，招标、投标阶段，定标签约阶段中，业主参与较多的是招标准备阶段，招标、投标阶段。

三、工程项目施工招标前的主要工作

招标前的主要工作体现在招标准备阶段的招标资格与备案、发布招标公告或者发出投标邀请书、投标人资格审查、编制招标文件及标底等工作和招标、投标阶段的踏勘现场与答疑等。

(一)确定招标组织形式和招标方式

1. 招标组织形式

招标组织形式是指招标工作由谁来实施，通常可分为自行招标和委托招标代理机构招标。招标人可以根据招标工程项目的特点和要求，结合企业自身的实际情况来选择招标组织形式。如果企业具备自行招标的条件和能力，就采取自行招标；如果企业不具备自行招标的条件和能力，就委托与招标工程项目要求资质相同的招标代理机构进行招标。

2. 招标方式

按照招标工程项目的特点和要求，现在常用的招标方式有两种：公开招标和邀请招标。

(二)确定标段和对投标人资格审查的方式

1. 标段划分

标段是指招标工程项目的范围，即合同数量。通常一个项目应当作为一个整体招标(一个标)。一个项目或特殊专业工程等均可作为一个标段。

划分标段应当考虑下列因素。

(1)工程项目的特点及专业因素

1)工程场地集中、工程量不大、工程技术要求不复杂的工程项目宜一次招标。

2)工程项目各部分专业要求接近时，可作为一个整体招标；工程项目各部分专业要求差异很大时，可分别招标。

(2)招标项目的管理因素(招标单位的管理能力)

一个项目各部分工作便于协调，即可分别招标；一个项目各部分工作难以协调，即整体招标。

(3)工程成本因素

一个项目分别(段)招标，其成本低于总承包后再分包的，就分别(段)招标；一个项目整体招标，有利于统一管理，可降低费用的，就一次招标。

(4)工程项目各项工作的衔接因素

一个项目相互衔接得少，则分别(段)招标；一个项目相互衔接得多，则将其作为一个整体招标。

2. 对投标人资格审查的方式

资格审查分为资格预审和资格后审。资格预审是在投标前对投标申请人进行的资格审查，在这种情况下，资质预审公告代替了招标公告；资格后审是在评标时对投标人进行的资格审查。

招标人应根据工程规模、结构复杂程度或技术难度等具体情况，决定对投标申请人采取资格预审方式或资格后审方式。通常工程规模大、技术复杂或者具有特殊专业要求的工程项目必须进行资格预审。

实行资格预审的，目前一般采用合格制的资格审查方式。合格制是招标人邀请所有资格预审合格的投标申请人参加投标，不得对投标人的数量进行限制。如果合格的投标申请人数量过多，一般采用随机抽签的方法，特殊情况也可采用评分排名的方法选择规定数量的合格投标申请人参加投标。其中，工程投资额在1 000万元以上的工程项目，合格申请人应当不少于9个；工程投资额在1 000万元以下的工程项目，合格申请人应当不少于7个。

在资格审查中，还应当注重对拟选派的项目经理的劳动合同关系、参加社会保险、正在施工和正在承接的工程项目等方面情况的审查。要严格执行项目经理管理的要求，一个项目经理只宜承担一个施工项目的管理工作，当其负责管理的施工项目临近竣工，并已经向发包人提出竣工验收申请后，方可参加其他工程项目的投标。

(三)编制招标有关的文件和标底

招标有关的文件包括资格预审文件、招标公告、招标文件、合同协议条款、评标办法、招标工程项目标底(项目的预期价格)等。

1. 编制资格预审文件

资格预审文件一般包括资格预审申请书格式、申请人须知，以及需要投标申请人提供的企业资质、业绩、技术装备、财务状况和拟派出的项目经理与主要技术人员的简历、业绩等证明材料。申请人须知主要包括总则、资格预审申请、资格预审评审标准、联合体、申请书提交、资格预审申请书材料的更新、通知与确认、附件。具体如图2.2所示。

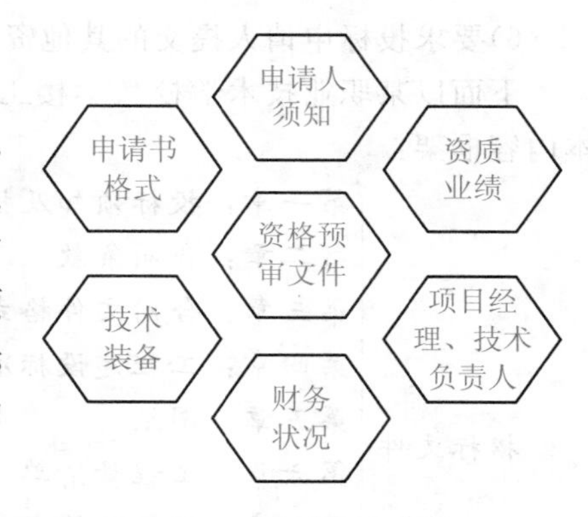

图2.2　资格预审文件

2. 编制招标文件

招标文件是整个招标过程所遵循的基础性文件，是投标和评标的基础，也是合同的重要组成部分。同时，招标文件也是投标人编制投标文件的基础和依据。所以，编制招标文件是招标工作的一项重要工作。

(1)招标文件的含义

招标文件是招标人向投标人发出的，旨在向其提供为编写投标文件所需的资料，并向其通报招标、投标所依据的规则和程序等项目内容的书面文件。招标文件是招标人的要约邀请，它详细列出了招标人对招标项目的基本情况描述、技术规范或标准、合同条款、投标须知等。招标文件不仅是投标人编制投标文件的基础和依据，还是合同文件的重要组成部分。

(2)招标文件的正式文本内容

根据《招标投标法》第十九条的规定：招标人应当根据招标项目的特点和需要编制招标文件，招标文件应当包括以下 3 个方面的内容。

1)编写和提交投标文件。

2)对投标申请人的审查及投标文件的评审标准和方法。

3)合同的主要条款(其中主要是商务条款)。

其中，技术要求、投标报价要求和主要合同条款等内容是招标文件的关键内容，统称为实质性要求。《施工招标投标管理办法》规定，招标文件应当包括如下内容。

1)投标须知及投标须知前附表。

主要包括工程概况，招标范围，资格审查条件，工程资金来源或者资金落实情况(包括银行出具的资金证明)，标段的划分，工期要求，质量标准，现场踏勘和答疑安排，投标文件的编制、提交、修改、撤回的要求，投标报价要求，投标有效期，开标的时间和地点，评标的方法和标准。

2)招标工程的技术要求和设计文件。

3)采用工程量清单招标的，应当提供工程量清单。

4)投标函的格式及附录。

5)拟签订合同的主要条款。

6)要求投标申请人提交的其他资料。

下面以某职业技术学校教学楼工程施工招标文件为例，说明招标文件正式文本的基本内容框架：

招标文件
- 第一章：投标须知及投标须知前附表
- 第二章：合同条款
- 第三章：合同文件格式
- 第四章：工程建设标准
- 第五章：图纸
- 第六章：工程量清单
- 第七章：投标函格式
- 第八章：投标文件商务部分格式
- 第九章：投标文件技术部分格式
- 第十章：资格审查申请书格式(用于后审)

3. 工程量清单

工程量清单是招标文件的重要组成部分，是对招标工程的全部项目，按统一的工程量计算规则、项目划分和计量单位计算出的工程数量列出的清单表格。一经中标签订合同，工程量清单即成为合同的组成部分。

工程量清单的工程量是编制招标工程标底和投标报价的依据，也是支付工程进度款和竣工结算时调整工程量的依据，其作用包括如下方面。

1)为投标人提供一个公开、公平、公正的竞争环境。

2)是编制标底和投标报价的依据。

3)为施工过程中支付工程进度款提供依据。

4)为办理竣工结算、办理工程结算及工程索赔提供重要的依据。

5)设有标底的招标工程，招标人利用工程量清单编制标底价格，供评标时参考。

4. 编制招标标底

(1)招标标底的含义

招标标底是建筑产品价格的表现形式之一，是招标人对招标工程所需费用的预测和控制，是招标工程的期望价格。通俗地讲，招标标底就是招标人定的价格底线。

(2)招标标底编制依据

1)国家公布的统一工程项目划分、统一计量单位、统一计算规则。

2)招标文件，包括招标交底纪要。

3)招标人提供的由具有相应资质的单位设计的施工图及相关说明。

4)有关技术资料。

5)工程基础定额和国家、行业、地方的技术标准规范。

6)要素市场价格和地区预算材料价格。

7)经政府批准的取费标准和其他特殊要求。

(四)招标资格与备案

1. 招标资格

招标人应当是依据《招标投标法》的规定提出招标项目、进行招标的法人或者其他组织。招标人首先要确定招标项目的范围，按照国家有关规定招标项目需要履行审批手续的，还应当先履行审批手续，取得批准。招标人应当有进行招标项目的相应资金或者资金来源已经落实，并应当在招标文件中如实载明。只有具备了上述这些条件的招标人，才具有了招标条件。下面具体阐述自行招标和委托招标应具备的条件。

(1)自行招标

《招标投标法》规定：招标人具有编制招标文件和组织评标能力的，可以自行办理招标事宜。任何单位和个人不得强制其委托招标代理机构办理招标事宜。《施工招标投标管理办法》规定：自行办理招标事宜的，应当具有编制招标文件和组织评标能力：①有专门的施工招标组织机构；②有与工程规模、复杂程度相适应并具有同类工程施工招标经验、熟悉有关工程施工招标法律法规的工程技术、概预算及工程管理的专业人员。

《甘肃省招标投标条例》规定招标人自行招标应当具备图 2.3 所示的条件。

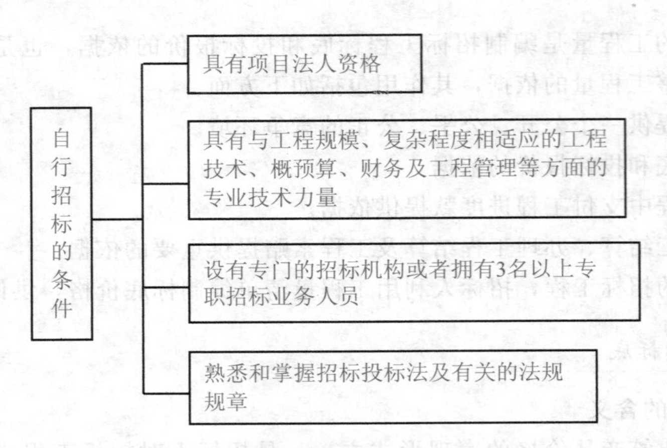

图 2.3　自行招标应具备的条件

如果招标人不具备自行招标条件时，可以选择招标代理机构，委托其办理招标事宜。

(2)委托招标

招标人有权自行选择招标代理机构，任何单位和个人不得以任何方式为招标人指定招标代理机构。

招标代理机构是依法设立、从事招标代理业务并提供相关服务的社会中介组织。从事工程建设项目招标代理业务的招标代理机构，其资质由国务院或者省、自治区、直辖市人民政府的建设行政主管部门认定。

招标人不具备自行招标条件的，应委托经建设行政主管部门批准的具有相应资质的工程招标代理机构办理招标事宜；具备自行招标条件的，也可以委托工程招标代理机构招标。招标代理机构应具备下列条件。

第一，有从事招标代理业务的营业场所和相应的资金。

第二，有能够编制招标文件和组织评标的相应专业力量。

第三，有可以作为评标委员会成员人选的技术、经济等方面的专家库。

招标人委托工程招标代理机构招标的，招标人与工程招标代理机构须签订"工程招标代理委托合同"。招标代理机构应当在招标人委托范围内办理招标事宜，并遵守《招标投标法》关于招标人的规定。

2. 招标备案

招标人自行办理施工招标事宜的，应当在发布招标公告或者在发出投标邀请书的5日前，向工程所在地县级以上地方人民政府建设行政主管部门备案，并报送如下材料。

1)国家有关规定办理审批手续的各项批准文件。

2)专门的施工招标组织机构和工程规模、复杂程度相适应并具有同类工程施工招标经验、熟悉有关工程施工招标法律法规的工程技术、概预算及工程管理专业人员的证明材料，包括专业技术人员的名单、职称证书或者执业资格证书及其工作经历的证明材料。

3)法律、法规、规章规定的其他资料。

甘肃省规定，在招标备案时应当报送下列材料。

1)建设工程项目方面。要报送工程项目年度投资计划(立项批文)、建设工程规划许可证、初步设计批准文件、施工图审查批准书、工程建设资金担保。

2)建设工程招标安排及招标工作小组资格审查登记表。

3)项目法人单位的法人资格证书和授权委托书。

4)招标公告和投标邀请书。

5)工程技术、概预算、财务及工程管理等方面专业技术人员的资料。具体要报送有关人员名单、职称证书、执业资格证书、有关人员工作经历。

如果是委托招标代理机构办理有关招标事宜的，须报送委托方和代理方签订的“工程招标代理委托合同”，招标代理人资格登记表，招标代理机构资质证书、营业执照复印件。

建设行政主管部门自收到备案材料之日起5个工作日内没有提出异议，招标人可发布招标公告或者投标邀请书。如果招标人不具备自行办理施工招标事宜条件的，建设行政主管部门应当自收到备案材料之日起5日内，责令招标人停止自行办理招标事宜。

四、招标人或招标代理人违犯《招标投标法》应承担的法律责任

1. 招标人违犯《招标投标法》应承担的法律责任

招标人违犯《招标投标法》应承担的法律责任如图2.4所示。

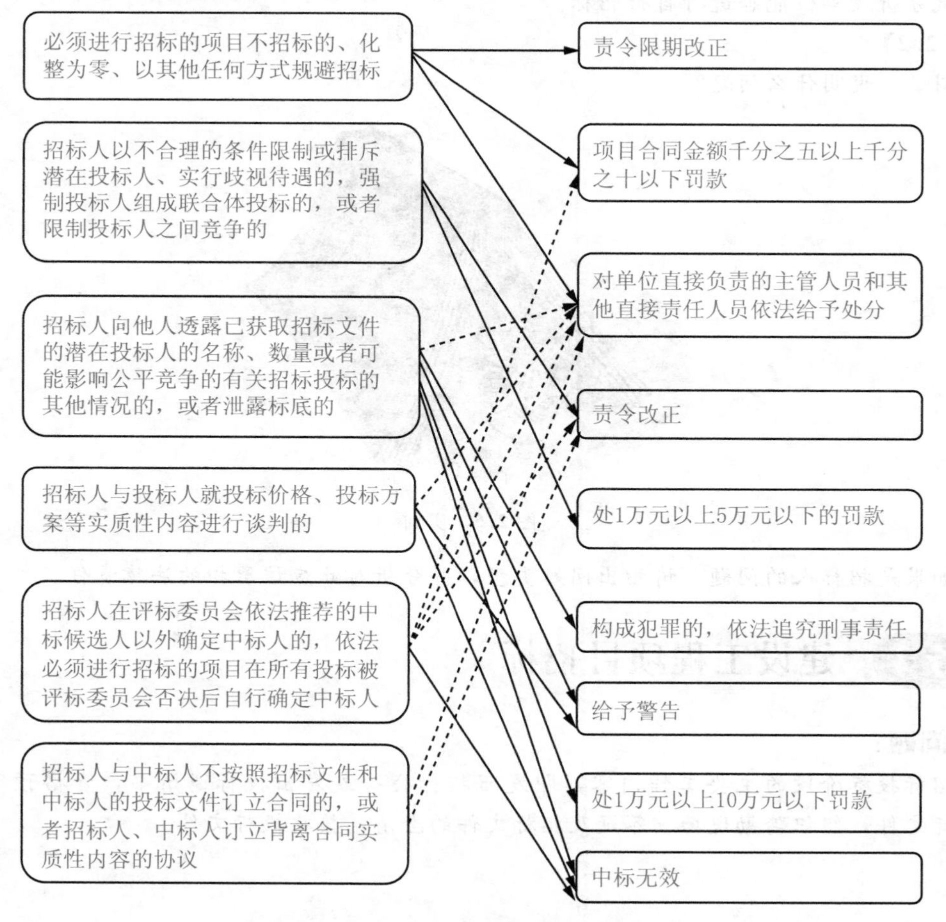

图2.4 招标人违犯《招标投标法》应承担的法律责任

2. 招标代理机构违犯《招标投标法》的法律责任

1)招标代理机构泄露应当保密的与招标、投标活动有关的情况和资料。

2)招标代理机构与招标人、投标人串通损害国家利益、社会公共利益或者他人合法权益。

对有上述行为的招标代理机构处以5万元以上25万元以下的罚款；对单位直接负责的主管人员和其他直接责任人员处单位罚款数额5%以上10%以下的罚款；有违法所得的，并处没收违法所得；情节严重的，暂停直至取消招标代理资格；构成犯罪的，依法追究刑事责任。给他人造成损失的，依法承担赔偿责任。如果影响中标结果的，中标无效。

【实训2.1】

某职业技术学院为教学楼工程招标成立了招标办公室，负责有关招标事项，进行自行招标。主要人员有：总务处长(工民建专业专科学历)、党办主任(法学专业专科学历)和行政办公室主任(中文专业本科学历)三人组成，三人中只有总务处长为本市工程类评标专家，参加过评标工作，其余两人没有任何评标工作经历和经验。

试分析该单位能否进行自行招标。

【实训2.2】

图2.5说明什么问题？

图2.5 实训

如果是招标人的问题，请指出问题类型，并分析对此应该承担的法律责任。

任务2 建设工程项目招标

引发问题：

招标投标阶段的主要工作内容，即发布招标公告或发出投标邀请书，资格预审，发售招标文件，组织踏勘现场、答疑及招标文件的澄清，接收投标文件。

相关知识

一、发布招标公告或发出投标邀请书

招标人在完成招标备案，须根据已确定的招标方式，发布招标公告或发出投标邀请书。发布招标公告和发出投标邀请书不同，公告必须在国家或地方指定的载体向不特定对象公开发布；而投标邀请书是向不少于3家的特定对象发出。这里重点阐述招标公告的发布。

发布招标公告是公开招标最显著的特征之一，也是公开招标的第一个环节。招标人对投标人的投标资格审查有资格预审和资格后审两种，如果采取资格预审的，通常资格预审公告可以替代招标公告。

1. 招标公告的内容

1)招标单位或招标人名称和代理人名称。

2)项目名称、地点及性质(项目性质是指该项目属于什么类型和属于什么专业的问题，如属于基础设施、公用事业项目或使用国有资金投资的项目，是土建工程项目等)。

3)项目资金来源(政府已批准的预算等)。

4)招标的目的(简述招标规模、数量及内容)。

5)招标方式。

6)项目实施的时间。

7)投标资格标准(采取资格预审的项目，应提供资格预审资料的内容、日期、份数和使用的语言)。

8)获取招标文件的方法(在什么地方、什么时间获取招标文件和招标文件需要支付的费用等问题)。

9)投标书递交地点和投标截止时间。

10)开标日期、时间和地点。

11)投标保证金金额。

12)招标人或招标代理人的地址、联系人及其电话、传真等。

2. 招标公告的发布

招标公告或者资格预审公告应当在国家或者地方指定的报刊、信息网络或者其他媒介上发布，并同时在中国工程建设和建筑业信息网络上发布，连续公布不少于3个工作日。

在招标公告中，主要内容应是对招标人和招标项目的描述，使潜在投标申请人在掌握这些信息的基础上，根据自身的情况，作出是否购买招标文件并投标的决定。所以招标公告应当载明招标人的名称和地址，招标工程的性质、规模、地点及获取资格预审文件或招标公告的办法等事项。

3. 招标公告

(1)采用资格预审时的招标公告

采用资格预审时的招标公告示例如下。

招标公告

(采用资格预审方式)

招标工程项目编号：________

1. ________(招标人名称)的________(招标工程项目的名称)，已由________(项目批准机关名称)批准建设。现决定对该项目的工程施工进行公开招标，选定承包人。

2. 本次招标工程项目的概况如下：

2.1(说明招标工程项目的性质、规模、结构类型、招标范围、标段及资金来源和落实情况等)；

2.2 工程建设地点为________；

2.3 计划开工日期为____年____月____日，计划竣工日期为____年____月____日，工期____日历天；

2.4 工程质量要求符合《工程施工质量验收规范》标准。

3. 凡具备承担招标工程项目的能力并具备规定的资格条件的施工企业，均可对上述(一个或多个)招标工程项目(或标段)向招标人提出资格预审申请，只有资格预审合格的投标申请人才能参加投标。

4. 投标申请人须是具备建设行政主管部门核发的________(建筑业企业资质类别、资质等级)级及以上资质的法人或其他组织。自愿组成联合体的各方均应具备承担招标工程项目的相应资质条件；相同专业的施工企业组成的联合体，按照资质等级低的施工企业的业务许可范围承揽工程。

5. 投标申请人可以________(地点和单位名称)处获取资格预审文件，时间为____年____月____日至____年____月____日，每天上午____时____分至____时____分，下午____时____分至____时____分(公休日、节假日除外)。

6. 资格预审文件每套售价________币种、金额、单位，售后不退。如需邮购，可以书面形式通知招标人，并另加邮费每套________(币种、金额、单位)。招标人在收到邮购款________内，以快递的方式向投标申请人寄送资格预审文件。

7. 资格预审申请书封面上应清楚地注明“________(招标工程项目名称和标段名称)的投标申请人资格预审申请书”字样。

8. 资格预审申请书须密封后，于____年____月____日____时以前，送至________处，逾期送达或不符合规定的资格预审申请书将被拒绝。

9. 资格预审结果将及时通知投标申请人，并预计于____年____月____日发出资格预审合格通知书。

10. 凡资格预审合格的投标申请人，请按照资格预审合格通知书中确定的时间、地点和方式准备招标文件及有关资料。

招　标　人：________________
办公地址：________________
邮政编码：________　联系电话：________
传　　真：________　联　系　人：________

招标代理机构：________________
办　公　地　址：________________
邮政编码：________　联系电话：________
传　　真：________　联　系　人：________
日期______年______月______日

(2)采用资格后审方式招标

采用资格后审方式招标的示例如下。

招标公告

(采用资格后审方式)

招标工程项目编号：________

1. ________(招标人名称)的________(招标工程项目的名称)，已由________(项目批准机关名称)批准建设。现决定对该项目的工程施工进行公开招标，选定承包人。

2. 本次招标工程项目的概况如下：

2.1(说明招标工程项目的性质、规模、结构类型、招标范围、标段及资金来源和落实情况等)；

2.2 工程建设地点为________________；

2.3 计划开工日期为____年____月____日，计划竣工日期为____年____月____日，工期____日历天；

2.4 工程质量要求符合《工程施工质量验收规范》标准。

3. 凡具备承担招标工程项目的能力并具备规定的资格条件的施工企业，均可对上述(一个或多个)招标工程项目(或标段)进行投标。

4. 投标申请人须是具备建设行政主管部门核发的________(建筑业企业资质类别、资质等级)级及以上资质的法人或其他组织。自愿组成联合体的各方均应具备承担招标工程项目的相应资质条件；相同专业的施工企业组成的联合体，按照资质等级低的施工企业的业务许可范围承揽工程。

5. 本工程对投标申请人的资格审查采用资格后审方式，主要资格审查标准和内容详见招标文件中的资格审查文件，只有资格审查合格的投标申请人才有可能被授予合同。

6. 投标申请人可以________(地点和单位名称)处获招标文件，时间为____年____月____日至____年____月____日，每天上午____时____分至____时____分，下午____时____分至____时____分(公休日、节假日除外)。

7. 招标文件每套售价________(币种、金额、单位)，售后不退。投标人须交纳图纸押金，__________(币种、金额、单位)，当投标人退还全部图纸时，该押金同时退还给投标人(不计利息)。本公告第6条所需邮寄费用，可以书面形式通知招标人，并另加邮费每套__________(币种、金额、单位)。招标人在收到邮购款______内，以快递的方式向投标申请人寄送上述文件。

8. 投标申请人在提交投标文件时，应按照有关规定提供不少于投标总价的______%或__________(币种、金额、单位)的投标保证金或投标保函。

9. 投标文件提交的截止时间为______年______月______日______时____分前，提交到__________(地点和单位名称)处，逾期送达的投标文件将被拒绝。

10. 招标工程项目的开标时间将于上述投标截止的同一时间在__________(开标地点)公开进行投标人的法定代表人或其委托代理人应准时参加。

招 标 人：____________________
办公地址：____________________
邮政编码：__________ 联系电话：__________
传　　真：__________ 联 系 人：__________

招标代理机构：____________________
办 公 地 址：____________________
邮政编码：__________ 联系电话：__________
传　　真：__________ 联 系 人：__________
日期______年______月______日

二、资格预审

进行资格预审，可以更好地了解潜在投标人的资信状况；可以降低招标成本，提高招标工作效率；吸引实力雄厚的潜在投标人进行投标。其程序如图2.6所示。

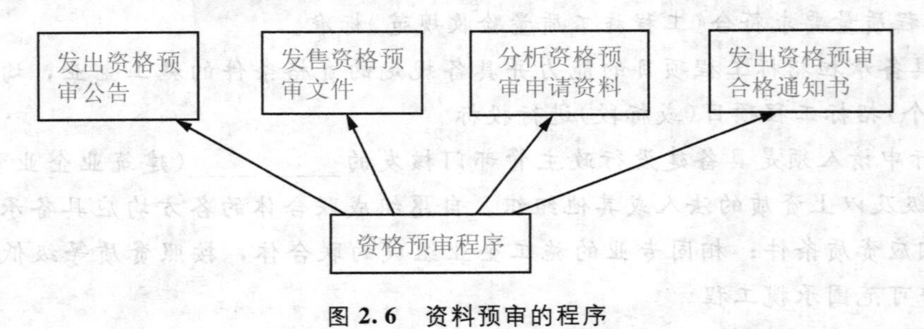

图2.6　资料预审的程序

(一)资格预审文件的内容

1. 资格预审公告

资格预审公告包括的内容如上述招标公告(资格预审公告)，这里不再赘述。

2. 资格预审须知及有关附件

(1)总则

说明工程建设项目和合同的资金来源、工程概况、工程量清单、合同规模、对申请人的基本要求。

(2)申请人应提供的资料和有关证明

1)申请人的身份和组织机构。

2)申请人可用于本工程的主要施工设备情况。

3)申请人拟投入本工程的主要人员的资历和经验。

4)过去3年经审计的财务报表。

5)对承包的工程内容拟分包情况。

6)近两年的诉讼情况。

(3)资格预审通过的强制性标准

强制性标准是指通过资格预审时对列入工程项目一览表中各主要项目提出的强制性要求。达不到标准的，资格预审不能通过。包括以下两个方面。

1)强制性经验标准是指主要工程一览表中主要项目的业绩要求。

2)强制性财务、人员、设备、分包、诉讼及履约标准。

(4)对联合体提交资格预审申请的要求

(略)

(5)其他规定

(略)

3. 资格预审申请表格

与投标中的表格相同。

(二)资格预审的评审

资格预审一般由招标人组织评审小组，对投标申请人提供的文件和资料进行评比和分析，确定合格的投标人。评审可采用打分法和综合评议法，如评分法可将企业的基本情况分为4种并分别给定分值，进行综合评分，如表2.1所示。

表2.1　教学楼工程招标资格预审评分表

项　目	评分项目	满分/分	及格分/分	得分/分
企业资质、一般工程经验、业绩和信誉(20分)	企业资质	5	2	
	一般工程经验	10		
	业绩和信誉	5		
类似工程和现场条件经验(20分)	类似工程经验	15	8	
	类似现场条件经验	5		

（续表）

项　　目	评分项目		满分/分	及格分/分	得分/分
人员能力、设备能力、财务能力（40分）	人员能力（15分）	项目经理经验与素质	5		
		技术负责人经验与素质	4		
		其他人员经验与素质	6		
	设备能力（15分）	运输设备			
		混凝土施工设备			
	财务能力（10分）	年营业额	6	4	
		可获得半年期借款	4	2	
实际投标能力（年营业额×3－已承诺合同与在建工程未付款工程金额）（20分）			20		
总分			100		

（三）资格预审合格通知

在确定投标人名单后，及时向资格预审合格的申请人发出通知。其参考格式如下。

资格预审合格通知书

致：____________________（预审合格的投标申请人名称）

鉴于你方参加了我方组织的招标工程项目编号为______的（招标工程项目名称）工程施工投标资格预审，经我方审定，资格预审合格。现通知你方就上述工程施工进行密封投标，并将其他有关事宜告知如下：

1. 凭本通知书于____年____月____日至____年____月____日，每天上午____时分至____时____分，下午____时____分至____时____分（公休日、节假日除外）到______（地点和单位名称）购买招标文件，招标文件每套售价为____（币种、金额、单位），无论是否中标，该费用不予退还。另需交纳图纸押金____（币种、金额、单位），当投标人退还图纸时，该押金将同时退还给投标人（不计利息）。上述资料如需邮寄，可以书面形式通知招标人，并另加邮费每套____（币种、金额、单位）。招标人在收到邮购款____日内，快递方式向投标人寄送上述资料。

2. 收到本通知书后____日内，请以书面形式予以确认。如果你方不准备参加本次投标，请于____年____月____日前通知我方。

招　标　人：____________________

办公地址：____________________

邮政编码：__________　联系电话：__________

传　　真：__________　联 系 人：__________

招标代理机构：____________________

办　公　地　址：____________________

邮政编码：＿＿＿＿＿＿　联系电话：＿＿＿＿＿

传　　真：＿＿＿＿＿＿　联 系 人：＿＿＿＿＿

日期＿＿＿年＿＿＿月＿＿＿日

三、发售招标文件

招标人向通过资格预审合格的投标申请人发售招标文件，按照规定招标文件可向投标人收取适当工本费；而图纸、设计文件只收取押金。投标人收到招标文件后，应当认真核对，并以书面形式确认。其程序如图2.7所示。

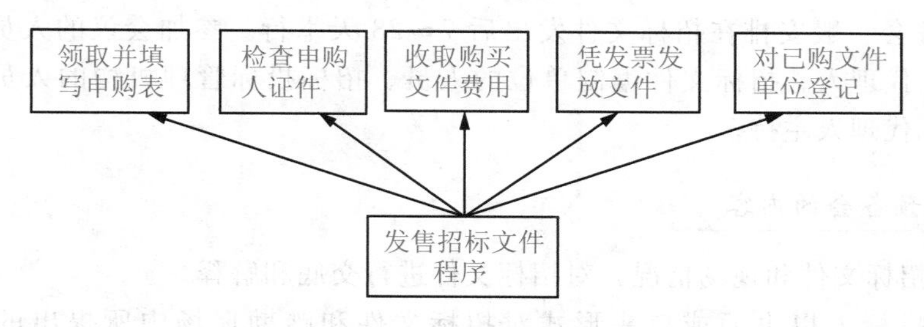

图2.7　发售招标文件程序

购买招标文件企业的名称属于保密文件，应按有关的保密要求分发。

四、招标文件的澄清与修改

招标文件澄清是指招标人以书面形式对招标文件的遗漏、词义表述不清和对比较复杂的事项进行说明，回答投标申请人提出的各种问题。招标文件的修改是指招标人对招标文件中出现的错误进行修订。招标文件的澄清与修改的内容作为招标文件的组成部分，同样对招标人起约束作用，招标人并同时将招标文件澄清与修改的内容报建设行政主管部门备案。

通常招标文件的澄清与修改是在要求提交投标文件前至少15日(甘肃省规定不得少于20日)，并且要求以书面的形式通知所有投标人。

五、踏勘现场

招标文件发售后，招标人要在招标文件规定的时间内，组织投标人踏勘现场。所谓踏勘现场是指招标人组织投标人对工程场地和周围环境等客观条件进行现场勘察，目的是为投标人编制施工组织设计或施工方案以及计算各种措施费用获取必要的信息。

踏勘现场时，招标人应向投标人介绍有关现场情况，主要包括如下方面。

1)现场是否达到招标文件规定的条件。

2)现场的地理位置和地形、地貌。

3)现场的地质、土质、地下水、水文等情况。

4)现场气温、湿度、风力和年降水量及分布时间等气候条件。

5)现场交通、施工和生活用水、用电、通信等环境情况。

6)工程在现场的位置和布置。

7)临时用地、临时设施搭建等情况。

8)当地材料供应及价格，以及现场材料堆放、弃料堆放场地等情况。

9)其他情况。

六、投标预备会

投标预备会也称标前会议或答疑会，是指招标人为澄清和解答招标文件或现场踏勘中的问题，以便投标人更好地投标文件而组织召开的会议。

投标预备会一般安排在招标文件发出后7～28天举行。参加会议的人员主要有招标人、投标人、代理人、招标文件编制单位的人员、招标投标管理机构的人员等。会议由招标人或招标代理人主持。

1. 投标预备会的内容

(1)介绍招标文件和现场情况，对招标文件进行交底和解释。

(2)解答投标人以书面或口头形式对招标文件和踏勘现场中所提出的各种问题或疑问。

2. 投标预备会的程序

(1)投标人和其他与会人员签到，以示出席会议。

(2)主持人宣布会议开始并介绍出席会议人员。

(3)介绍解答人员和会议记录人员。

(4)解答投标人提出的各种问题和对招标文件进行交底。

(5)通知有关事项。

(6)由招标人整理解答内容，并以书面形式将解答内容向所有获得招标文件的投标人发放。

解答内容是招标文件的组成部分，必须同时向建设行政主管部门备案。

七、接收投标文件

投标人按照招标人文件的要求，将编制好的投标文件盖投标单位印鉴、法人代表或法人代表委托人的印鉴后，进行密封并在投标截止日期前提交到招标文件规定地点。招标人在收到投标人的投标文件后将其密封封存，同时履行签收、登记手续。如果投标文件以邮件的方式提交，不以邮戳时间为准。在招标文件要求提交投标文件截止日期后送达的投标文件，招标人应当拒收。

【实训 2.2】

某事业单位拟建一座办公楼，某大型工程项目进行施工招标，招标人编制了完整详细的招标文件，其招标文件的内容如下：①招标公告；②投标须知；③通用条款；④专用条款；⑤合同格式；⑥图纸；⑦工程量清单；⑧中标通知书；⑨评标委员会名单；

⑩标底编制人员名单。

招标人通过资格预审对申请投标人进行审查，而且确定了资格预审表的内容，提出了对申请投标人资格必要合格条件的要求，要求包括：①资质等级达到要求标准；②投标人在开户银行的存款达工程造价的 5%；③主体工程中的重点部位可分包给经验丰富的承包商来完成；④具有同类工程的施工经验和能力。

分析：

1)招标文件的内容中哪些不应属于招标文件内容？

2)资格预审主要侧重于对投标人的哪些方面的审查？

3)背景材料中的必要合格条件不妥之处有哪些？

任务 3　招标文件及编制实例

引发问题：

招标文件的基本形式及其包括的内容。

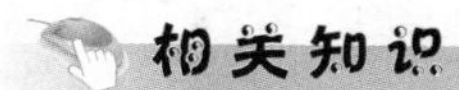

一、招标文件的组成

建筑工程招标文件是由一系列有关招标方面的说明性文件资料组成的，包括各种旨在阐明招标人意志的书面文字、图表等材料。招标文件在形式上主要由正式文本、对正式文本的解释和对正式文本的修改三部分组成。

1. 招标文件的正式文本

招标文件正式文本的结构通常分为卷、章、条目等。下面以建筑工程招标文件为例说明其格式。

投标邀请书

第一卷　商务部分

　第一章　投标须知

　第二章　协议书、履约保函和工程预付款保函

　第三章　合同条款

　　第一部分　通用合同条款

　　第二部分　专用合同条款

　第四章　投标报价、投标保函和授权委托书

　第五章　工程量清单

　第六章　投标辅助资料

第二卷　技术条款

第三卷　招标图纸

2. 对招标文件正式文本的解释

投标人获得招标文件后，如果对招标文件有问题需要澄清，在招标文件规定的时间内，以文字或传真等书面形式向招标人提出，招标人也应以文字、传真或以投标预备会的方式给予解答。其形式主要是书面答复、投标预备会记录等。解答意见是招标文件的组成部分，并由招标人或招标代理人送达所有获得招标文件的投标人。

3. 对招标文件正式文本的修改

在招标文件的规定日期前，招标人可以自己主动对招标文件进行修改，或者为解答要求澄清的问题而对招标文件进行修改。其形式主要是补充通知、修改书等。对招标文件正式文本的澄清和修改是招标文件的组成部分，同样对投标人起约束作用。修改意见由招标人或招标代理人送达所有获得招标文件的投标人。

二、招标文件的具体内容及实例

(一)投标邀请书

投标邀请书是招标人邀请投标人前来参与投标竞争的文件。它包含招标项目的一些重要事项和内容，作为招标文件的组成部分。下面以某单位的投标邀请书为例，说明其格式内容。

投标邀请书

__________(投标人名称)：

1)某职业技术学校教学楼建设工程根据国家的有关规定已于2010年8月1日在规定的报纸上发布招标公告，根据投标报名情况，并经资格预审合格，现邀请贵单位参加该工程的投标。

2)工程概况及招标范围。

①工程概况。本工程位于该学院校园内，总建筑面积××万平方米，系框架结构，核定工程概算为××万元人民币。

②招标范围。包括主体建筑及安装。

3)若贵单位接受此邀请，请派人员于2010年8月11日上午8：30～11：30到市建设工程交易管理中心，凭单位介绍信购买招标文件和领取工程图纸等有关资料，招标文件每套售价人民币1 000元，图纸等资料押金每套人民币1 000元。

4)购买招标文件的费用，招标单位不予退还；图纸等资料押金在招标结束后15天内退还(不计利息)。图纸若有损坏按50元/张赔偿。

招标人：某职业技术学校
地址：××市××路××号
联系人：×××
电话(传真)：×××

(二)商务部分

1. 投标须知

投标须知主要介绍招标标的的一些主要信息、招标程序及投标的注意事项，是指导投标人正确地进行投标的文件。

投标须知的基本内容包括前附表、招标主体、招标项目说明、资金来源、对投标人的资格要求、投标费用、现场考察与资料、招标文件目录、招标文件的澄清或者修改、投标预备会、投标文件的编制、投标书的递交、开标、评标、授予合同、合同价款支付。下面以某职业技术学校教学楼翻建工程为例说明投标须知前附表。

投标须知前附表如表2.2所示。

表2.2　投标须知前附表

项　号	条款号	内　容	说明与要求
1	1.1	工程名称	××市××学校教学楼翻建工程
		建设地点	××市××路×号
		建设规模	7 200平方米
		承包方式	包工包料(固定合同价)
		质量标准	合格
2	2.1	招标范围	施工图以内及安装
3	2.2	工期要求	2010年9月26日～2011年7月26日
4	3.1	资金来源	市级财政
5	4.1	投标人资质等级要求	工程施工总承包二级以上(含二级)资质，项目经理二级以上(含二级)资质，项目技术负责人中级以上(含中级)职称
6	4.2	资格审查方式	资格预审
7	13.1	工程计价方式	工程量预算
8	15.1	投标有效期	为：30日历天(从投标截止日算起)
9	16.1	投标保证金额	人民币拾万元(控制价的1%，最高50万元)
10	8.1	踏勘现场	时间：2010年9月2日 地点：××市××路×号
11	17.1	投标文件份数	正本一份，副本两份，电子版本一份
12	20.1	投标文件提交地点及截止时间	收件人地点：兰州建设工程交易中心开标厅 时间：2010年9月16日9时00分
13	23.1	开标时间开标地点	开标时间：2010年9月16日9时00分 地点：××市建设工程交易中心开标厅

（续表）

项　号	条款号	内　容	说明与要求
14	30.1	评标方法及标准	按兰建发[2006]55号文件执行，采用综合评审法
15	34.1	履约担保金额	投标人提供的履约担保金额为合同价款的______%招标人提供的履约担保金额为合同价款的______%

投标须知的示例如下。

(一)总　则

1. 工程说明

1.1 本招标工程项目说明详见本须知前附表第一项。

1.2 本招标工程项目按照《中华人民共和国建筑法》、《中华人民共和国招标投标法》、《甘肃省房屋建筑和市政设施工程招标投标管理办法》等法律、法规和省、市有关部门的规定，通过招标方式选定承包人。

2. 招标范围及工期

2.1 本招标工程项目的范围详见本须知前附表第二项。

2.1 本招标工程项目的工期要求详见本须知前附表第三项。

3. 资金来源

3.1 本招标工程项目的资金来源详见本须知前附表第四项。

4. 合格的投标人

4.1 投标人的资质等级详见本须知前附表第五项。

4.2 投标人的合格条件详见本招标工程施工招标公告。

4.3 本招标工程项目资格审查方式采用合格制，详见本须知前附表第六项。

4.4 所有兰外投标单位在开标前三日须到兰州市建筑市场管理办公室办理进兰备案手续，否则将视为不响应招标条件(按放弃处理)。

4.5 本招标工程项目不允许联合体投标。

5. 投标费用

5.1 投标人应承担其参加本招标活动自身所发生的费用。

(二)招标文件

6. 招标文件的组成

6.1 招标文件包括下列内容：

第一章：投标须知及投标须知前附表

第二章：合同条款

第三章：合同文件格式

第四章：工程建设标准

第五章：图纸

第六章：投标文件商务部分格式

第七章：投标文件技术部分格式

第八章：评标办法

6.2 当投标人退回图纸时，图纸押金将同时退还给投标人(不计利息)。

7. 招标文件的澄清与修改

7.1 招标文件的澄清是指招标人对招标文件的遗漏、词义表述不清或对比较复杂的事项进行说明，回答投标人的各种问题。招标文件的修改是指招标人对招标文件中出现的错误进行修订。

7.2 招标人对已经发出的招标文件所做的澄清与修改，应在投标截止15日前，以书面形式通知所有获得招标文件对投标人，并同时报市招标局备案。投标人在收到招标文件的澄清或修改文件后2日内以书面形式予以确认。

7.3 招标文件的澄清或修改内容作为招标文件的组成部分，对招标人和投标人起约束作用。

8、踏勘现场

8.1 招标人将按本须知前附表第十项所述的时间，组织投标人对工程现场及周围环境进行踏勘，以便投标人获得有关编制投标文件和签署合同所涉及现场的资料。投标人承担踏勘现场自身所发生的费用。

8.2 招标人向投标人提供的有关现场的数据和资料，是招标人现有的能被投标人利用的资料，招标人对投标人作出的任何推论、理解和结论均不负责任。

8.3 投标人应当承担踏勘现场的责任和风险。

9. 答疑

9.1 招标人可以根据拟招标工程的具体情况，在必要时召开招标文件答疑会。投标人对招标文件的疑问，踏勘现场的疑问等，都可以在答疑会上得到澄清。

9.2 答疑会结束后，由招标人整理会议记录和解答内容，并以书面形式将所有问题及答案内容向所有获得招标文件的投标人发放，问题及答案纪要也作为招标文件的组成部分，对招标人和投标人起约束作用。

9.3 问题及答案纪要须同时报兰州市招投标管理局备案。

9.4 答疑也可以采用书面形式进行。

9.5 为了使投标人在编制投标文件时有充分的时间对招标文件的澄清、修改、答疑等补充内容进行研究，招标人可酌情延长投标截止时间，具体时间将在招标文件修改、补充通知中予以说明。

2. 协议书、履约保函和工程预付款保函

具体示例如下。

协议书

发包人(全称)：____________________

承包人(全称)：____________________

依照《中华人民共和国合同法》、《中华人民共和国建筑法》及其他有关法律、行政法

规，遵守平等、自愿、公平和诚实信用的原则，双方就本建设工程施工事项协商一致，订立本合同。

一、工程概况

工程名称：________________

工程地点：________________

工程内容：________________

群体工程应附承包人承揽工程项目一览表：________________

工程立项批准文号：________________

资金来源：________________

二、工程承包范围

承包范围：________________

三、合同工期

开工日期：________________

竣工日期：________________

合同工期总日历天数____天。

四、质量标准

工程质量标准：________________

五、合同价款

金额(大写)：________________元(人民币)。

￥：______元。

六、组成合同的文件

组成合同的文件包括：

1. 本合同协议书
2. 投标书及其附件
3. 中标通知书
4. 本合同通用条款
5. 本合同专用条款
6. 标准、规范及有关技术文件
7. 图纸
8. 工程量清单
9. 工程报价单或预算书

双方有关工程的协商、变更等书面协议或文件视为本合同的组成部分。

七、本协议书中有关词语含义与本合同《通用条款》中分别赋予它们的定义相同。

八、承包人向发包人承诺按照合同约定进行施工、竣工并在质量保修期内承担工程质量保修责任。

九、发包人向承包人承诺按照合同约定的期限和方式支付合同价款及其他应当支付的款项。

十、合同生效

合同订立时间：______年____月____日

合同订立地点：

本合同双方约定____________后生效。

发包人：____________（公章）	承包人：____________（公章）
住所：____________	住所：____________
法定代表人：____________	法定代表人：____________
委托代理人：____________	委托代理人：____________
电话：____________	电话：____________
传真：____________	传真：____________
开户银行：____________	开户银行：____________
账号：____________	账号：____________
邮政编码：________	邮政编码：________

3. 合同条款

合同条款分为通用合同条款和专用合同条款两部分。

(1)通用合同条款

通用合同条款通常包括词语定义、合同文件及解释顺序、双方的一般义务和责任、履约担保、监理人员和总监理工程师、联络、图纸、转让和分包、承包人的人员及其管理、材料和设备、交通运输、工程进度、工程质量、文明施工、计量与支付、价格调整、变更、违约和索赔、争议的解决、风险和保险、完工与保修、其他。

(2)专用合同条款

专用合同条款中的各条款是补充和修改通用合同条款中条款号相同的条款，或当需要时增加新的条款。两者应对照阅读，一旦出现矛盾或不一致时，以专用合同条款为准，通用合同条款中未补充和修改的部分仍然有效。

4. 投标报价书、投标保函和授权委托书

（略）

5. 工程量清单

工程量清单是表现拟建工程项目的分部分项工程项目、措施项目、其他项目名称和相应数量的明细清单。招标人按照“计价规范”附录中统一的项目编码、项目名称、计量单位和工程量计算规则进行编制。包括分部分项工程量清单、措施项目清单、其他项目清单。

(1)分部分项工程量清单

下面以挖基础土方的计价规范及工程量清单为例，如表2.3和表2.4所示。

表 2.3　计价规范

项目编码	项目名称	项目特征	计量单位	工程量计算规则	工程内容
	挖基础土方	1. 土壤类别 2. 基础类别 3. 垫层底宽、底面积 4. 挖土深度 5. 弃土运距	m^3	按设计图示尺寸以基础垫层底面积乘挖土深度计算	1. 排地表水 2. 土方开挖 3. 当土板支拆 4. 截桩头 5. 基底钎探 6. 运输

2.4　工程量清单

序　号	项目编号	项目名称	项目特征	计量单位	数量	工程内容
		挖条形基础土方	1. 一类土 2. 钢筋混凝土条形基础 3. 垫层底宽 1.6m、1.8m 4. 挖土深度 1.4m 5. 场外弃土	m^3		1. 排地表水 2. 土方开挖 3. 当土板支拆 4. 截桩头 5. 基底钎探 6. 运输

(2)措施清单

措施项目清单的设置，首先要参考拟建工程的施工组织设计，以确定环境保护、文明安全施工、材料的二次搬运等项目。其次要参考施工技术方案，以确定夜间施工、大型机械器具进出场安装拆卸、混凝土模板与支架、脚手架、施工排水降水、垂直运输机械、组装平台大型机具使用等情况。同时参阅相关的施工规范和工程验收规范。下面以建筑工程为例说明措施清单，如表 2.5 所示。

表 2.5　措施清单

序　号	项 目 名 称
	1. 通用项目
1.1	环境保护
1.2	文明施工
1.3	安全施工
1.4	临时设施
1.5	夜间施工
1.6	二次搬运
1.7	大型机械设备进出场及安拆

（续表）

序　号	项 目 名 称
1. 通用项目	
1.8	混凝土、钢筋混凝土模板及支架
1.9	脚手架
1.10	已完工程及设备保护
1.11	施工排水、降水
2. 建筑工程	
2.1	垂直运输工具
……	

6. 投标辅助资料

投标辅助资料是对招标工程项目情况的辅助性说明文件。

（三）技术条款

技术条款是对招标人所需工程项目和相关服务的技术要求规定，它是由招标人或项目咨询公司为具体招标工程项目而编写的。允许投标人在一定范围内展开广泛的竞争，同时还要求对工程项目工艺、性能及标准进行准确的说明，以确保投标书符合招标文件的要求。

（四）招标图纸

（略）

巩固与提高

一、单项选择题

1.《招标投标法》规定，“依法必须进行招标的项目，自招标文件开始发放之日起至投标人提交投标文件截止之日止，最短不得少于（　　）天。”

A. 10　　B. 15　　C. 20　　D. 30

2. 应当招标的工程建设项目在（　　）后，已满足招标条件的，均应成立招标组织，组织招标，办理招标事宜。

A. 进行可行性研究　　B. 办理报建登记手续

C. 选择招标代理机构　　D. 发布招标信息

3. 我国《招标投标法》规定：“依法必须进行招标的项目，招标人自行办理招标事宜的，应当向有关行政监督（　　）。”

A. 申请　　B. 备案　　C. 通报　　D. 报批

4. 应当招标的工程项目，根据招标人是否具有（　　），可以将组织招标分为自行招标和委托代理招标两种。

A. 招标资质　　B. 招标许可

C. 招标的条件和能力　　D. 评标专家

5. 招标人自行办理招标事宜的，应当在发布招标公告或者发出投标邀请书(　　)前进行备案。

A. 3 日　　B. 5 日　　C. 7 日　　D. 10 日

6. 整个招标过程所遵循的基础性文件是(　　)。

A. 招标公告　　B. 招标备案资料

C. 招标文件　　D. 图纸

7. 招标公告连续公布不少于(　　)。

A. 3 日　　B. 3 个工作日　　C. 5 日　　D. 5 个工作日

8. 招标文件的澄清与修改是在要求提交投标文件前至少(　　)。

A. 10 日　　B. 15 日　　C. 20 日　　D. 30 日

9. 投标预备会一般安排在招标文件发出后(　　)举行。

A. 7～10 天　　B. 10～15 天　　C. 10～20 天　　D. 7～28 天

10. 招标文件的关键内容(实质性要求)包括下列哪些项目(　　)。

A. 技术要求　　B. 招标公告

C 投标报价要求　　D. 主要合同条款

二、多项选择题

1. 工程项目招标应当具备的条件(　　)。

A. 履行审批手续　　B. 成立招标机构

C. 具备招标项目所需的建设人才　　D. 有相应的资金或资金来源已落实

2.《招标投标法》规定招标人应当是(　　)。

A. 法人　　B. 自然人　　C. 其他组织　　D. 法人代表

3. 在招标的准备阶段，招标人的主要工作有(　　)。

A. 办理招标备案　　B. 成立招标机构

C. 编制招标文件　　D. 选择招标方式

4. 招标工作是由(　　)所组成。

A. 招标准备　　B. 招标投标　　C. 评标　　D. 定标签约

5. 招标的组织形式有(　　)。

A. 自行招标　　B. 公开招标　　C. 邀请招标　　D. 委托招标

6. 根据我国的《招标投标法》规定，招标的方式有(　　)。

A. 公开招标　　B. 协议招标　　C. 邀请招标　　D. 委托招标

7. 招标时对投标人的资格审查通常采用的方式有(　　)。

A. 资格预审　　B. 资格后审　　C. 合格制　　D. 有限数量制

8. 在资格审查时，如果合格的投标申请人过多时，采用(　　)确定投标人。

A. 按评分排名　　B. 采用随机抽签

C. 由招标人决定　　　　　　　　　　　　D. 由评标专家决定

9. 招标代理机构应具备(　　)条件。

A. 有从事招标代理业务的营业场所和相应的资金

B. 有能够编制招标文件和组织评标的相应专业力量

C. 有评标所需的技术、经济等方面的专家库

D. 有办理招标所需的银行担保、保险能力

10. 招标文件中对投标文件格式要求的内容包括(　　)。

A. 报价单　　　　　　　　　　　　　　B. 投标函

C. 网络图　　　　　　　　　　　　　　D. 投标保证金

三、判断题

1. 招标的工程项目只要履行审批手续就可以进行招标。　(　　)

2. 在整个招标过程中，业主参与较多的是招标准备阶段。　(　　)

3. 标段是指招标工程项目的范围，即合同的数量。　(　　)

4. 对投标人资质审查时，只需审查投标单位资质，对项目经理不予审查。　(　　)

5. 招标人可以是自然人。　(　　)

6. 招标人如果具备自行招标的条件，只能进行自行招标。　(　　)

7. 发布招标公告是公开招标最显著的特征之一。　(　　)

8. 招标文件的澄清与修改的内容作为招标文件的组成部分。　(　　)

9. 投标预备会由招标人或招标代理人主持。　(　　)

10. 答疑内容是招标文件的组成部分。　(　　)

项目3

工程建设项目投标

投标单位准备对教学楼工程项目进行投标，它们要研究采取什么样的投标策略、制定什么样的投标方案，才能争取中标。

任务1 投标决策及投标准备工作

引发问题：

决定是否投标应考虑的因素，通过哪些途径进行决定？如果决定投标，应首先做什么？

相关知识

一、投标决策的含义

投标决策是指潜在投标人通过收集信息以决定是否投标，以及在投标中采取哪些规避重大风险，提高中标概率的措施和技巧。

二、影响投标决策的因素

1. 投标人的自身条件

投标人自身的条件是投标决策的决定性因素，主要考虑投标人的技术、经济、管理、企业信誉等方面因素是否达到招标的要求，能否在竞争中取胜，如图 3.1 所示。

(1)技术方面

1)企业拥有的精通业务的各种专业人才的情况。

2)设计、施工及解决技术难题的能力。

3)是否有与招标工程相类似的施工经验人才。

4)具有一定的固定资产和机具、设备。

5)具有一定的技术实力的合作伙伴

如果企业在上述1)～4)的某一方面甚至几个方面不能满足招标要求时，则是否投标主要就取决于第5)条。

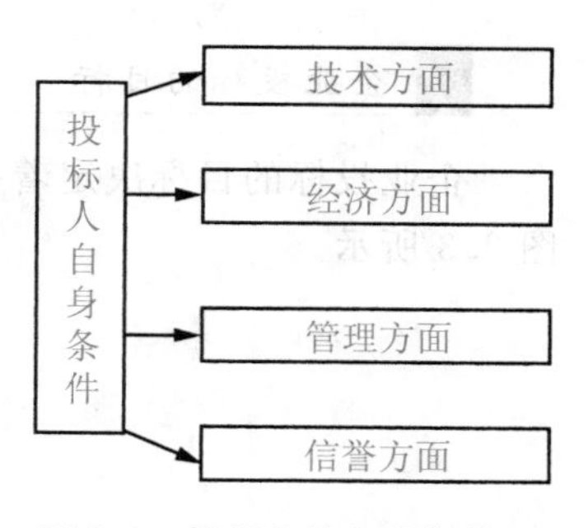

图3.1 投标人的自身条件

(2)经济方面

1)具有融资的实力。

2)自有资金能够满足施工生产需要。

3)具有办理各种担保和承担不可抗力风险的实力。

(3)管理方面

1)成本管理、质量管理、进度控制的水平。

2)材料资源及供应情况。

3)合同管理及施工索赔的水平。

(4)信誉方面

主要考虑企业在遵守法律和行政法规、履行合同、施工安全及工期和工程质量保证等方面的实际情况。

2. 影响企业投标决策的外在因素

影响企业投标决策的外在因素主要有业主情况、竞争形势及竞争对手、法律法规、风险因素等，如图3.2所示。

(1)业主情况

主要考虑业主的民事主体资格、支付能力、履约信誉等。

(2)竞争形势及竞争对手

投标时必须预测竞争形势，推测投标竞争的激烈程度，搞清楚谁是竞争对手。考虑竞争对手的实力、优势、以往在同类工程项目中的报价水平、在建工程情况等。一般来说，在建工程工期长就不急于中标，报高价的可能性较大；如果在建工程即将完工，必定急切争取中标，就不会报高价。

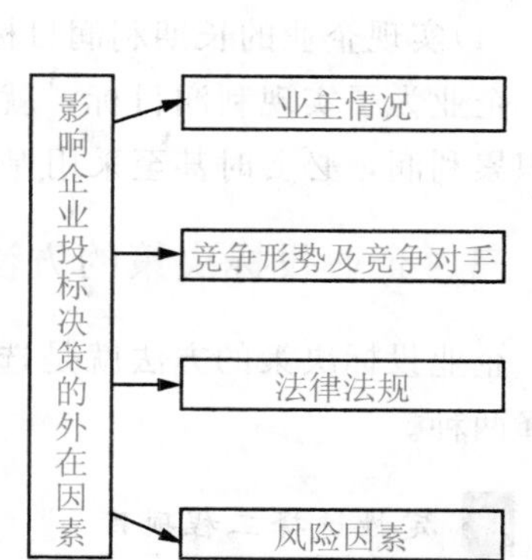

图3.2 影响企业投标决策的外在因素

(3)法律法规

法律、行政法规和部门规章全国相同。国内投标时，主要考虑工程所在地的法规。

(4)风险因素

国内工程承包的风险较少，并且可以通过采取措施加以防范，主要有自然风险、技术风险和经济风险。

3. 企业投标的目标

企业投标的目标决定着投标对象的选择和投标策略的确定。企业投标目标的类型如图 3.3 所示。

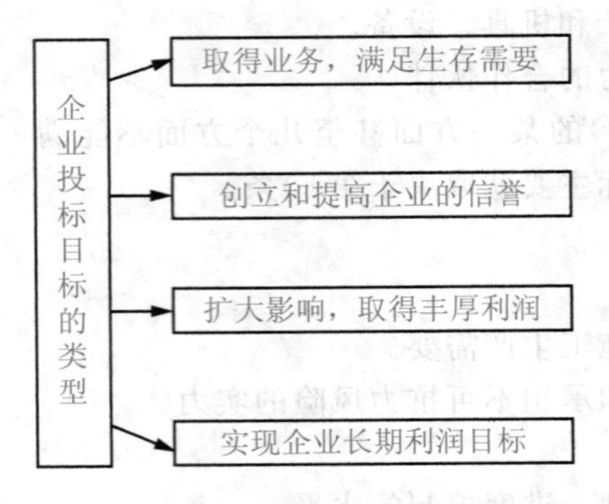

图 3.3　企业投标目标的类型

(1)取得业务，满足企业生存的需要

这是企业不景气或者各方面都没有优势的企业的投标目标。在这种情况下，企业往往选择有把握的工程项目投标，采取低利或保本策略争取中标。

(2)创立和提高企业的信誉

能够创立和提高企业的信誉的工程项目，是大多数企业志在必得的项目，竞争必定激烈，投标人必定采取各种有效的策略和技巧去争取中标。

(3)扩大影响或取得丰厚利润而投标这类企业通常采用高利润投标策略。

(4)实现企业的长期利润目标。

企业为了实现利润目标，就会把投标作为企业经常性业务工作，采用“薄利多销”策略积累利润，必要时甚至采用保本策略占领市场，为今后积累利润创造条件。

三、企业投标决策的方法

企业投标决策的方法就是选择投标工程项目所采用的方法，通常有定性选择和定量选择两种。

1. 定性选择工程项目

定性选择投标工程项目，主要依靠投标决策人员个人的经验和科学的分析研究方法来选择投标工程项目，具体方法如下。

(1)按照招标工程项目的特点选择投标对象

按照招标工程项目的特点选择投标对象，是把招标工程项目的技术要求等同本企业的实力进行对照，然后决定是否参加投标。

1)应参加与本企业的业务范围相适应特别是能够发挥企业优势的工程项目投标；应

放弃本企业主、兼营业务范围以外的工程项目投标。

2)应参加工期适当、建设资金落实、承包条件合理、风险较小，本企业有实力竞争取胜的工程项目投标；应放弃工程规模、技术要求等超过本企业资质等级的工程项目投标。

3)应参加有助于本企业创名牌和提高社会声誉，以及能够给企业带来后续承包机会的工程项目投标；应放弃本企业任务饱满，招标工程项目盈利水平低、风险大的工程项目投标。

4)应参加本企业管理上都能满足的工程项目投标；应放弃本企业的资质、信誉、施工技术水平等明显不如竞争对手的工程项目投标。

(2)按照本企业的经营状况选择投标工程项目对象

1)企业经营状况良好时投标工程项目选择。企业经营状况良好时，经营目标即投标目标，在提高企业的社会信誉的同时提高企业的经济利益。投标工程项目应着重选择：能提高企业社会信誉的工程项目；利润率高的工程项目；被邀请投标的工程项目；虽有风险，但属于本企业要开拓的新技术或新业务的工程项目。

2)企业经营不景气时投标工程项目选择。企业经营不景气时，经营目标即投标目标——力争中标。投标工程项目应着重选择：本企业有把握做好的工程项目；虽然造价低，但竞争不激烈的工程项目；虽然有一定风险，但能提高企业知名度的工程项目。

2. 定量选择工程项目

定量选择工程项目，通常采用综合因素加权评分的方法，将影响投标的各因素按其在投标中的重要程度给定系数即权重，然后逐项对照企业状况并进行打分；如果加权评分高于预定分就投标，否则不参加投标。

(1)预定可以投标的最低分数线

预定可以投标的最低分数线应考虑：历年的投标及盈利情况、企业施工生产能力及任务饱满程度、目前已掌握的招标工程数量、企业用于投标工作的人力、物力状况等方面因素，然后给定一个合理的分数线。

(2)按照招标工程项目的特点，选定必须考虑的因素

通常影响企业投标的因素有技术水平、设备能力、管理上的需要等，按其在投标中的重要程度给定系数即权重，系数之和为1或100。

1)各因素的加权得分＝该因素在招标工程项目中的得分×该因素的权重系数。

2)该投标工程项目总分＝∑各因素的加权得分。

3)将该投标工程项目总分与预定投标分数比较，决定是否参加投标。

比如，企业预定最低分数线为750分，面对招标单位的招标公告时，将本企业的状况逐项测评如表3.1所示。

表 3.1 用加权评分法选择投标工程项目

影响投标的因素	加权系数	对招标工程的评价			加权评分
		好(10)	中(5)	差(2～0)	
技术水平	15	10			150
设备能力	10		5		50
管理水平	20	10			200
施工经验	15	10			150
竞争实力	10		5		50
材料设备的供应条件	10		5		50
企业社会信誉	20	10			200
招标工程项目得分	(100)				850
企业预定的投标最低分数线		750			
决定是否参加投标		参加投标			

四、组建投标团队

一个结构合理、业务精通、作风干练的投标团队是投标成功的关键，通常投标团队应由图 3.4 所示的人员组成。

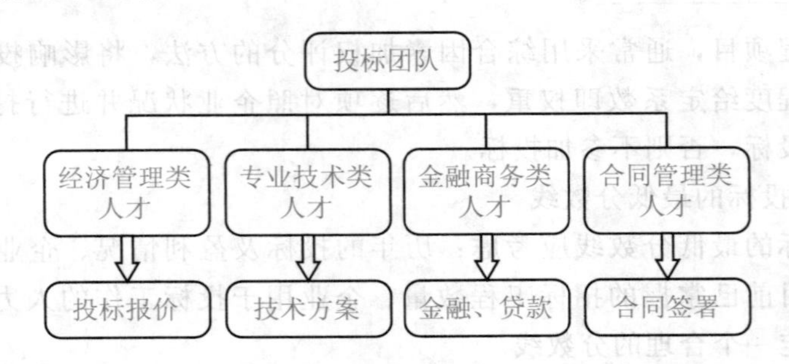

图 3.4 投标团队的组成

五、准备和提交资格预审资料

1. 资格预审申请文件的组成

资格预审申请文件包括下列内容。

1)资格预审申请函。

2)法定代表人身份证明或附有法定代表人身份证明授权委托书。

3)联合体协议书。

4)申请人基本情况表。

5)近三年财务状况表。

6)近三年完成类似工程项目情况表。

7)正在施工和新承接的工程项目情况表。

8)近年发生的诉讼及仲裁情况。

9)其他材料。

2. 资格预审申请文件的格式

资格预审申请文件的格式如下。

________(工程项目名称)________标段施工招标

资格预审申请文件

申请人：________________(盖单位章)

法定代表人或其委托代理人：________(签字)

______年____月____日

3. 资格预审申请文件

(1)资格预审申请函

资格预审申请函的示例如下。

________(招标人名称)：

1. 按照资格预审文件的要求，我方(申请人)递交的资格预审申请文件及有关资料，用于你方(招标人)审查我方参加________(工程项目名称)标段施工招标的投标资格审查。

2. 我方的资格预审申请文件包含"投标须知"规定的全部内容。

3. 我方接受你方的授权代表进行调查，审核我方提交的文件和资料，并通过我方的客户，澄清资格预审申请文件中有关财务和技术方面的情况。

4. 你方授权代表(联系人及联系方式)得到进一步的资料。

5. 我方在此声明，所递交的资格预审申请文件及有关资料内容完整、真实和准确，且不存在"投标须知"第1.4.3项规定的任何一种情形。

申请人：________________(盖单位章)

法定代表人或其委托代理人：________(签字)

电话：________________

传真：________________

申请人地址：________________

邮政编码：________________

______年______月______日

(2)法定代表人身份证明

法定代表人身份证明的示例如下。

申请人名称：________________

单位性质：________________

成立时间：____年______月______日

经营性质：____________________

姓名：______性别____年龄____职务____

系____________(申请人名称)的法定代表人。

特此证明。

申请人：________(盖单位章)

______年______月______日

(3)授权委托书

授权委托书的示例如下。

本人______(姓名)系______(申请人名称)的法定代表人，现委托______(姓名)为我方的代理人。代理人根据授权，以我方名义签署、澄清、递交、撤回、修改______(工程项目名称)____________标段工程施工招标资格预审申请文件，其法律后果由我方承担。

委托期限：__________。

代理人无权转让委托权。

附：法定代表人身份证明

申请人：____________(盖单位章)

法定代表人：____________(签字)

身份证号码：____________

委托代理人：____________(签字)

______年______月______日

(4)联合体协议

联合体协议的示例如下。

______(所有成员单位名称)自愿组成______(联合体名称)联合体，共同参加______(工程项目名称)______标段施工招标资格预审和投标。现就联合体投标事宜订立如下协议：

1. ______(某成员单位名称)为______(联合体名称)牵头人。

2. 联合体牵头人合法代表联合体各成员负责本标段施工招标项目资格预审申请文件、投标文件编制和合同谈判活动，代表联合体提交和接收相关的资料、信息及指示，处理与之有关的一切事务，并负责合同实施阶段的主办、组织和协调工作。

3. 联合体将严格按照资格预审文件和招标文件的各项要求，递交资格预审申请文件和投标文件，履行合同，并对外承担连带责任。

4. 联合体各成员单位内部的职责分工如下：____________________。

5. 本协议书自签署之日起生效，合同履行完毕后自动失效。

6. 本协议书一式______份，联合体成员和招标人各执一份。

注：本协议书由委托代理人签字的，应附法定代表人签字的授权委托书。

牵头人名称：____________(盖单位章)

法定代表人或其委托代理人：________（签字）
成员一名称：________________（盖单位章）
法定代表人或其委托代理人：________（签字）
成员二名称：________________（盖单位章）
法定代表人或其委托代理人：________（签字）
______年______月______日

（5）申请人基本情况表

申请人基本情况如表3.2所示。

表3.2　申请人基本情况表

申请人名称						
注册地址				邮政编码		
联系方式	联系人			电话		
	传真			网址		
组织结构						
法定代表人	姓名		技术职称		电话	
成立时间			员工总人数：			
企业资质等级			其中	项目经理		
营业执照号				高级职称人员		
注册资金				中级职称人员		
开户银行				初级职称人员		
账号				技工		
经营范围						
备注						

下面附有项目经理简历（见表3.3）。

项目经理应附项目经理证、身份证、职称证、学历证、养老保险复印件，管理过的项目业绩须附合同协议书复印件。

表3.3　项目经理简历

姓名		年龄		学历	
职称		职务		拟在本合同任职	
毕业学校	______年毕业于____________学校____________专业				
主要工作经历					
时间	参加过的类似项目	担任职务	发包人及联系电话		

(6)近年财务状况表

近年财务状况表如表3.4所示。

表3.4 近年财务状况表

<table>
<tr><td colspan="4">1. 基本数据</td></tr>
<tr><td colspan="2">项目</td><td colspan="2">金额/万元</td></tr>
<tr><td rowspan="2">资金</td><td>注册资金</td><td colspan="2"></td></tr>
<tr><td>实有资金</td><td colspan="2"></td></tr>
<tr><td colspan="2">流动资产</td><td colspan="2"></td></tr>
<tr><td colspan="2">速动资产</td><td colspan="2"></td></tr>
<tr><td colspan="2">总负债</td><td colspan="2"></td></tr>
<tr><td colspan="2">未完工程的平均的年投资额(后两年)</td><td colspan="2"></td></tr>
<tr><td colspan="2">未完工程总投资</td><td colspan="2"></td></tr>
<tr><td colspan="2">平均年完成的总投资额(近两年)</td><td colspan="2"></td></tr>
<tr><td colspan="2">年最大施工能力</td><td colspan="2"></td></tr>
<tr><td colspan="4">2. 年度营业额(前三年)</td></tr>
<tr><td colspan="2">年度(前三年)</td><td colspan="2">年营业额/万元</td></tr>
<tr><td colspan="2">年</td><td colspan="2"></td></tr>
<tr><td colspan="2">年</td><td colspan="2"></td></tr>
<tr><td colspan="2">年</td><td colspan="2"></td></tr>
<tr><td colspan="2"></td><td colspan="2"></td></tr>
<tr><td colspan="2">会计师签名：</td><td colspan="2">负责人签名：</td></tr>
<tr><td colspan="4">请开列有关银行名称和地址，以便招标人取得有关资料</td></tr>
<tr><td>银行名称</td><td colspan="2">授权人</td><td>申请人公章</td></tr>
<tr><td></td><td colspan="2"></td><td></td></tr>
</table>

申请人(盖章)： 时间：

注：1. 表中指标应根据审核后的财务报表中相应数据计算得出。

2. 平均(值)是指两年的算术平均数。

3. 本表后必须附近三年经审计的财务报表，并提供原件在递交资格预审文件时备查。

(7)近三年已完成的类似工程项目及目前在建工程情况表

具体如表 3.5 所示。

表 3.5　近三年已完成的类似工程项目及目前在建工程情况表

序号 项目	1	2	3	……
工程项目名称				
工程项目所在地				
楼型				
结构形式				
建筑面积/m²				
合同金额/万元				
开工日期				
竣工日期				
承担的任务				
工程质量				
项目经理				
技术负责人				
总监理工程师电话				
项目描述				
备注				

(8)诉讼情况记录表

诉讼情况记录表如表 3.6 所示。

表 3.6　诉讼情况记录表

申请人名称：××建筑工程公司			
年份	判决是否有利于申请人	雇主名称/诉讼原因/纠纷事件	纠纷金额(人民币)

【实训 3.1】

资料：招标工程为地上 4 层办公楼，位于××新市区××路。总建筑面积为 2 129.29m²。房屋总高度为 14.25m，其中一、四层层高 3.60m，二、三层层高 3.30m。采用全现浇钢筋混凝土框架结构体系。

要求：根据工程情况，编制一份资格预审申请文件。

任务2 投标策略与技巧

引发问题：

投标单位面对即将要投标的建设工程项目，制定什么样的投标方案、编制什么样的投标文件，才能提高中标率并通过中标获得期望收益？

相关知识

“投标报价是整个投标工程的重要环节，本任务重点介绍投标报价技巧”。投标报价技巧是指投标人通过投标决策确定的既能提高中标率，又能在中标后获得期望收益编制投标文件及其标价的方针、策略和措施。编制投标文件及其标价的方针是最基本的投标技巧。

一、投标报价的基本要求

准备对工程项目进行投标之前，首先要估算该工程项目的价格。因为合理的投标报价是中标的关键，投标报价一般有以下要求(见图 3.5)。

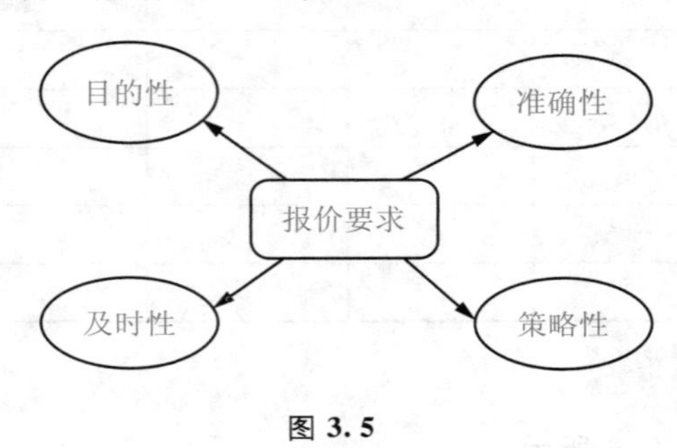

图 3.5

1. 目的性

投标报价的目的取决于投标的目的，投标总的目的是为了达到竞标取胜及中标、获得经营任务、提高企业的经济效益。只有明确企业投标的目的，才能报出适合的价格。

2. 及时性

在具体的工程项目招标中一般规定投标的期限，投标单位必须在规定的期限内完成招标工程项目估计、报价任务。

3. 准确性

工程项目的投标报价，必须建立在科学分析和可靠计算的基础上，才能较准确地反映招标工程项目的造价。能否准确地报价直接关系到企业竞争的胜败、经济效益的高低。

4. 策略性

要想在激烈的竞争环境中取胜，投标报价时还要根据招标工程项目的特点和已经掌握的竞争对手的特点，采取一定的报价策略和艺术进行报价。

二、投标前的准备工作

1. 成立投标报价组织机构

在企业中必须有一定数量的懂造价专业知识、具有一定实际工作经验的造价管理方面的人才，同时还必须有固定的或临时成立的投标报价组织机构，精干、高效的投标报价组织机构是投标取胜的先决条件。

2. 认真研究、熟悉招标文件内容

1)认真研究、熟悉《投标须知》。

2)认真研究、熟悉招标工程项目技术质量要求和图纸。

3)认真研究、熟悉合同条件。

3. 对招标工程项目的环境进一步熟悉

主要熟悉招标工程项目周边的自然、经济、法律和社会环境。这些环境条件是工程项目施工的制约因素，必然影响到工程项目的成本或增加工程项目施工难度。

4. 熟悉和掌握原材料、主要配套构件等的市场价格

建筑产品的价格中，原材料、主要配套构件等价格占有相当大的比重，熟悉和掌握原材料、主要配套构件等的市场价格，是准确的基础工作。

5. 熟悉和掌握分包价格

在大型、技术要求复杂的工程项目承包中，一些专业性工程项目或作业，通常采用分包的形式由专业承包公司完成，如地基基础工程、大型设备安装工程等。所以，总承包单位将中标的工程项目中的这一部分再进行分包。分包工程项目报价的高低，自然对总报价有一定的影响。

三、投标报价的策略与技巧

投标报价的策略与技巧是指投标人通过投标决策确定的既能提高中标率，又能在招标后获得期望收益的编制投标文件。

1. 不平衡报价法

不平衡报价法是指对工程量清单中各项目的单价，按投标人预定的策略做上下浮动，

但按中标要求确定的总报价不变，使中标后获得好收益的投标报价技巧。在建设工程施工项目投标中，不平衡报价法的具体做法如下。

1)前高后低。对早期工程可适当提高单价，相应地适当降低后期工程的单价。这种方法不适用于竣工后一次结算的工程项目。

2)工程量增加的报高价。工程量有可能增加的项目单价可适当提高，反之则适当降低。这种方法适用于按工程量清单报价、按实际完成工程量结算工程款的招标工程项目。工程量有可能发生增减的情形有：①校核工程量清单时发现的实际工程量将可能增减的项目；②图纸内容不明确或有错误，修改后工程量将可能增减的项目；③暂定工程量中预计要实施(或不实施)的项目所包含的分部分项工程。

3)在单价包干混合制合同中，招标单位要求采用包干报价时，报高价。

4)工程内容不明确的报低价。没有工程量只填报单价的工程项目，如果是不计入总报价的，单价可适当提高；工程内容不明确的，单价可适当降低。

5)量大价高的报高价。工程量大的少数子项目可适当提高单价，工程量小的大多数子项目则报低价。这种方法适用于采用单价合同的工程项目。

2. 多方案报价法

多方案报价法是投标人针对招标文件中的某些不足，提出有利于业主的替代方案(又称备选方案)，用合理化建议吸引业主争取中标的一种投标技巧。具体做法是：按招标文件要求报正式标价；在投标书的附录中提出替代方案，并说明如果被采纳，标价将降低的数额。

(1)替代方案的种类

1)修改合同条款的替代方案。

2)合理修改原设计的替代方案。

(2)采用多方案报价的目的

1)采用多方案报价体现投标人“为业主着想、为用户着想”的经营理念。

2)采用多方案报价展示投标人的“技术实力和商务经验”。

四、提高中标率的其他投标策略与技巧

1. 服务取胜

服务取胜是投标人在工程建设的前期阶段，主动向业主提供优质的服务，如代为办理征地、拆迁、工程项目报建、审批、申办施工许可证等各种手续，与业主建立起良好的合作关系，为竞标取胜打下良好的基础。

2. 缩短工期取胜

投标人制定科学、合理的施工方案，合理缩短工期，使业主的投资项目尽早发挥作用，提高经济效益，为竞标取胜创造条件。

3. 质量信誉取胜

质量信誉取胜是依赖投标人长期以来的工程质量优良、社会声誉良好打动业主，为竞标取胜提供保障。

【实训 3.2】

资料：招标工程为地上 4 层办公楼，位于××新市区××路。总建筑面积2 129.29m²。房屋总高度为 14.25m，其中一、四层层高 3.60m，二、三层层高 3.30m。采用全现浇钢筋混凝土框架结构体系。

对此工程项目，一个经营运转比较好、企业规模属于中等的企业应采取什么样的投标策略？

任务 3　投标文件的编制与提交

引发问题：

编制投标文件面临两个主要问题是如何报价及运用什么样的施工方案。

相关知识

一、投标文件的组成与编制步骤

1. 投标文件的组成

投标人应当按照招标文件的要求编制投标文件，所编制的投标文件应当对招标文件提出的实质性要求和条件作出响应。

投标文件是表明投标人接受招标文件提出的实质性要求和标准，载明投标报价、实施招标项目的技术方案、拟派出的项目负责人与主要技术人员的资料及相关承诺内容的书面性文件。投标文件主要包括以下内容。

(1)投标函及其附录

主要包括投标函、投标函附录、法定代表人资格证明、投标文件签署授权委托书、投标担保书(银行保函)。

1)投标函、投标函附录及相关声明实例。

投标函

____________(招标人名称)：

1. 我方已仔细研究了________________________________(项目名称)标段施工招标文件的全部内容，愿意以人民币(大写)__________元(￥__________)的投标总报价，工期______日历天，按合同约定实施和完成承包工程，修补工程中的任何缺陷，工程质量达到________________。

2. 我方承诺在投标有效期内不修改、撤销投标文件。

3. 随同本投标函提交投标保证金一份，金额为人民币(大写)________________

元(¥________)。

4. 如我方中标：

(1)我方承诺在收到中标通知书后，在中标通知书规定的期限内，与你方按照招标文件和我方的投标文件签订合同。

(2)随同本投标函递交的投标函附录属于合同文件的组成部分。

(3)我方承诺按照招标文件规定向你方递交履约担保。

(4)我方承诺在合同约定的期限内完成并移交全部合同工程。

5. ________________________________(其他补充说明)。

投标人：____________________(盖单位章)

委托代理人：________________(签字)

地　　址：

网　　址：____________________

电　　话：____________________

传　　真：____________________

邮政编码：____________________

______年______月______日

投标文件真实性和不存在限制投标情形的声明

________________(招标人名称)：

我方在此声明，所递交的投标文件(包括有关资料、澄清)真实可信，不存在虚假(包括隐瞒)。

经我方认真核查，本投标人不存在第二章"投标人须知"第1.4.3项规定的任何一种情形。

我方承诺，如存在以上两种虚假投标行为，我方自愿按第二章"投标人须知"10.16和其他有关规定承担责任。

投　标　人：____________________(盖单位章)

法定代表人或其委托代理人：________(签字)

______年______月______日

投标函附录如表3.7所示。

表3.7　投标函附录

序号	条款名称	约定内容	备注
1	项目经理	姓名：	
2	工期		
3	缺陷责任期	承诺按招标文件规定执行	

（续表）

序号	条款名称	约定内容	备注
4	分包	承诺按招标文件规定执行	
5	拖期损失赔偿	承诺按招标文件规定执行	
6	拖期损失赔偿限额	承诺按招标文件规定执行	
7	保修期	承诺按招标文件规定执行	
8	中期(月进度)支付最低限额和支付比例	承诺按招标文件规定执行	
9	保留金扣留的百分比	承诺按招标文件规定执行	
10	开工预付款	承诺按招标文件规定执行	
11	材料、设备预付款	承诺按招标文件规定执行	
12	投标人是否承诺按照招标文件、专用合同条款、通用合同条款的有关规定执行	承诺按招标文件规定执行	
13	投标报价是否考虑了全部风险系数	承诺按招标文件规定执行	

注：投标人投标时填入的相应内容作承诺之用，应依据招标文件合同条款结合自己公司的实力填写，或按照上述格式进行承诺。

投　标　人：＿＿＿＿＿＿（盖单位章）

法定代表人或委托代理人：＿＿＿＿（签字）

日　　期：＿＿年＿＿月＿＿日

2)法定代表人身份证明如下。

法定代表人身份证明

投标人名称：＿＿＿＿＿＿＿＿＿＿

单位性质：＿＿＿＿＿＿＿＿＿＿

地址：＿＿＿＿＿＿＿＿＿＿

成立时间：＿＿＿年＿＿＿月＿＿＿日

经营期限：＿＿＿

姓名：＿＿＿＿＿＿系＿＿＿＿＿＿＿＿＿＿（投标人单位名称）的法定代表人(职务：＿＿＿＿电话：＿＿＿＿＿＿)。

特此证明。

附：法定代表人身份证复印件

投标人：＿＿＿＿＿＿＿＿＿＿（盖单位章）

＿＿＿年＿＿＿月＿＿＿日

注：(1)法定代表人亲自投标而不委托代理人投标适用。

(2)法定代表人在递交投标文件时，应携带投标人企业法人营业执照副本原件、法定代表人身份证原件备查。

(3)法定代表人提供的证件、证明不齐或不符合要求的，投标文件不予接收。

3)授权委托书实例。

授权委托书

本人________(姓名)系____________(投标人名称)的法定代表人，现委托本单位人员________(姓名)为我方代理人。代理人根据授权，以我方名义签署、澄清、说明、补正、递交、撤回、修改____________(项目名称)标段施工投标文件、签订合同和处理有关事宜(向有关行政监督部门投诉另行授权)，其法律后果由我方承担。委托期限：________。代理人无转委托权。

附：(1)法定代表人身份证明原件和法定代表人身份证复印件

(2)委托代理人身份证复印件、投标人为其缴纳的养老保险(提供最近6个月连续缴费证明)复印件

投　标　人：____________(盖单位章)

法定代表人：____________(签字)

委托代理人：____________(签字)

联系电话：________(固定电话)　．．．．．．(移动电话)

年　　月　　日

4)投标保证书及其保证金实例。

投标保证金

________(招标人名称)：

本投标人自愿参加____________(项目名称)标段施工的投标，并按招标文件要求交纳投标保证金，金额为人民币(大写)________元(￥________)。

本投标人承诺所交纳投标保证金是从本公司基本账户以转账方式交纳的，若有虚假，由此引起的一切责任均由我公司承担。

附：(1)收据(招标人开具给投标人)复印件

(2)银行给投标人的转账回单复印件

(3)人民银行颁发的基本存款账户开户许可证复印件

投　标　人：____________(盖单位章)

法定代表人或其委托代理人：________(签字)

____年____月____日

(2)投标报价文件(商务标)

《建设工程工程量清单计价规范》规定投标报价文件应包括如下内容。

1)投标总价及工程项目总价表。投标总价是根据工程概况和工程项目总价表的内容填写的，具体内容包括建设单位、工程名称、投标总价(大写和小写)、投标人(盖章)、法定代表人(签字盖章)编制时间。报价文件包括工程项目总价表(见表3.8)和单项工程费汇总表(见表3.9)。

表 3.8　投标总报价汇总表

招标人及项目名称：____________________

序　　号	工程项目名称	合计/元	备　注
一	土建工程分部工程		
1			
2			
3			
小计			
二	安装工程分部工程		
1			
2			
3			
小计			
三	设备费用		
……	……		
小计			
四	其他		
1	安全措施费		
小计			
五	投标报价调整		（调整说明）
六	合　计		
投标总报价：（大写）			

投标人：____________________（盖单位章）

法定代表人或其委托代理人：__________（签字）

_____年_____月_____日

表 3.9　单项工程费汇总表

工程名称：××学校教学楼工程

序　　号	单位工程名称	金额/元
1 2	建筑工程 安装工程	
	合计	

2)工程量清单报价表。工程量清单报价表是按单项工程费汇总表所列的单位工程分别编制的，某学校教学楼的建筑工程量清单报价表如表 3.10～表 3.17 所示。

表 3.10　单位工程费汇总表

工程名称：××学校教学楼建筑工程

序　　号	项目名称	金额/元
1	分部分项工程量清单计价合计	
2	措施项目清单计价合计	
3	其他项目清单计价合计	
4	规费	
5	税金	
	合计	

表 3.11　分部分项工程量清单计价表

工程名称：××学校教学楼建筑工程

序　　号	项目编码	项目名称	计量单位	工程数量	金额/元	
					综合单价	合价
一		土石方工程				
1		挖带形基槽，二类土，槽宽×米，深×米，弃土×米以内	立方米			
……		……				
……		本页小计				
		合　　计				

3.12　措施项目清单计价表

工程名称：××学校教学楼建筑工程

序　　号	项目名称	金额/元
1	临时设施费	
2	混凝土泵送费	
3	综合脚手架费	
……	……	
	合　计	

表3.13　零星工作项目计价表

工程名称：××学校教学楼建筑工程

序号	名称	计量单位	数量	金额/元	
				综合单价	合价
1	人工：(1)高级技工 (2)中级技工 (3)普工	工日			
	小计				
2	材料				
	小计				
3	机械				
	小计				
	合计				

表3.14　其他项目清单计价表

工程名称：××学校教学楼建筑工程

序号	项目名称	金额/元
1	招标人部分保留金	
	小　计	
2	投标人部分零星各项项目费	
……	……	……
	小　计	
	合　计	

表3.15　分部分项工程量清单综合单价分析表

工程名称：××学校教学楼建筑工程

序号	项目编码	项目名称	计量单位	工程数量	综合单价组成/元					综合单价/元
					人工费	材料费	机械使用费	管理费	利润	
1		挖带形基础	立方米							
…	…	…	…	…		…	…	…	…	…

表 3.16　项目措施费分析表

工程名称：××学校教学楼建筑工程

序号	措施项目名称	单位	数量	金额/元					
				人工费	材料费	机械使用费	管理费	利润	小计
1	临时设施费	项	1						
…	……	…	…	…	…	…	…	…	…

表 3.17　主要材料价格表

工程名称：××学校教学楼建筑工程

序　　号	材 料 编 码	材 料 名 称	规格、型号等特殊要求	单　　位	单　　价
1	/	水泥	525＃	吨	
…	…	…	……	…	…

综上所述，投标报价文件包括：投标总价及工程项目总价表；单项工程费汇总表；单位工程费汇总表；分部分项工程量清单计价表；措施项目清单计价表；其他项目清单计价表；零星工作项目计价表；分部分项工程量清单综合单价分析表；项目措施费分析表；主要材料价格表。

(3)技术标

1)施工组织设计。标前承诺按招标文件规定执行的内容如下。

①主要施工方法。

②拟在该工程投入的施工机械设备情况——附拟投入的主要施工机械设备表(见表 3.18)。

表 3.18　拟投入的主要施工机械设备情况表

工程名称：××学校教学楼建筑工程

序　　号	机械或设备名称	规格型号	数量	国别产地	制造年份	规定功率/kW	生产能力	用于施工部位
1	砼搅拌机	…	2	本地	…	7.5	/	砼工程
2	砂浆机	…	3	本地	…	3	/	砌筑抹灰
…	…	…	…	…	…	…	/	…

③主要施工机械进场计划。

④劳动力安排计划——劳动力计划表(见表3.19)。

表3.19 劳动力计划表

工程名称：××学校教学楼建筑工程　　单位：人

工种	按工程施工阶段投入劳动力情况						
…	…	…	…	…	…	…	…

注：1. 投标人应按所列格式提交包括分包人在内的估计劳动力计划表。
2. 本计划表是以每班八小时工作制为基础编制。

⑤确保工程质量的技术组织措施。
⑥确保安全生产的技术组织措施。
⑦确保工期的技术组织措施——计划开、竣工日期和施工进度网络图(略)。
⑧确保文明施工的技术组织措施——施工总平面图(略)和临时用地表(见表3.20)。

表3.20 临时用地表

工程名称：××学校教学楼建筑工程

用　途	面积/平方米	位　置	需用时间
…	…	…	…

2)项目管理班子配备情况如表3.21～表3.23所示。

表3.21 项目管理班子配备情况表

工程名称：××学校教学楼建筑工程

职　务	姓　名	职　称	执业或职业资格证明					已承担在建工程情况	
			证书名称	级别	证号	专业	原服务单位	项目数	主要项目名称
项目经理									
技术负责									
施工员									
质检员									
安全员									
材料员									
一旦我单位中标，将实行项目经理负责制，我方保证并配备上述项目管理机构。上述填报内容真实，若不真实，愿按有关规定接受处理。									

表 3.22　项目经理简历表

工程名称：××学校教学楼建筑工程

姓名		性别		年龄	
职务		职称		学历	
参加工作时间			担任项目经理年限		
项目经理资格证书编号			资格等级		
近三年已完和在建工程项目情况					
建设单位	项目名称	建设规模	开、竣工日期	在建或已完	工程质量

表 3.23　项目技术负责人简历表

工程名称：××学校教学楼建筑工程

姓名		性别		年龄	
职务		职称		学历	
参加工作时间			从事技术负责人年限		
近三年已完和在建工程项目情况					
建设单位	项目名称	建设规模	开、竣工日期	在建或已完	工程质量
……	…	…	…	…	…

项目班子辅助说明资料包括管理机构设置、职责分工、有关复印证明资料及其他有关资料。

3)项目拟分包情况。如果准备将中标的工程项目除主体等工程外的其他工程或专业部分分包或不准备分包，都应如实填写项目拟分包情况。拟分包的情况如表 3.24 所示。

表 3.24 项目拟分包情况

工程名称：×学校教学楼建筑工程

分包人名称	/		地址	/	
法定代表人	/	营业执照号码	/	资质等级证书号码	/
拟分包的工程项目	主要内容		结算造价(万元)		已经做过的类似工程
无			/		/

4)替代方案及其相应的报价。(略)

2. 编制投标文件的步骤

(1)准备工作

企业在编制投标文件之前，需要做一些准备工作，才能编制出高质量的投标文件，主要工作内容如下。

1)研究和分析招标文件，如图 3.6 所示。

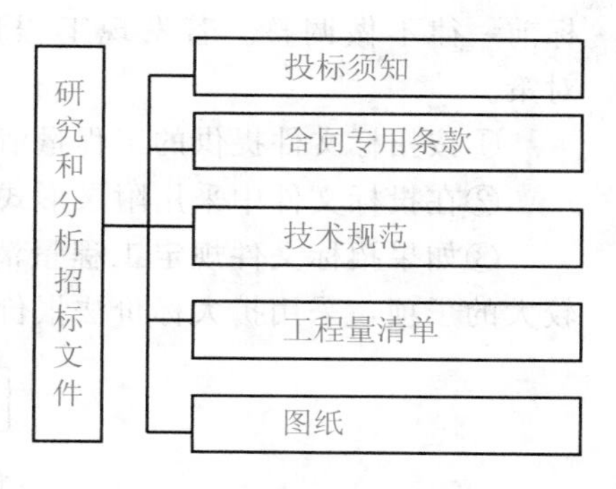

图 3.6 研究和分析招标文件

2)踏勘现场。首先，在踏勘现场前做好充分的准备工作，如仔细研究发包范围、工作内容，明确现场踏勘要解决的重点问题。其次，制定现场踏勘的提纲，如针对招标文件表述不清、错误等提问，针对工程项目现场可能出现的现象与招标文件有出入的问题提问等。

3)市场调查及询价。要想报出体现市场价格和企业定额的分部分项工程成本的单价和综合价格，在编制投标文件之前，必须做市场调查，对主要材料价格、劳动力价格等有一个全面的掌握。

(2)编制施工组织设计——施工计划或施工方案

施工方案是投标报价的一个前提条件，也是招标人在评标时要考虑的主要因素之一。施工方案应由投标人的技术负责人主持制定，主要应考虑施工方法、主要施工机具的配备、各工种劳动力的安排及现场施工人员的平衡、施工进度及分批竣工的安排、安全施工等方面。制定施工方案首先要考虑技术和工期两个方面；其次要考虑降低企业的施工成本，如图 3.7 所示。

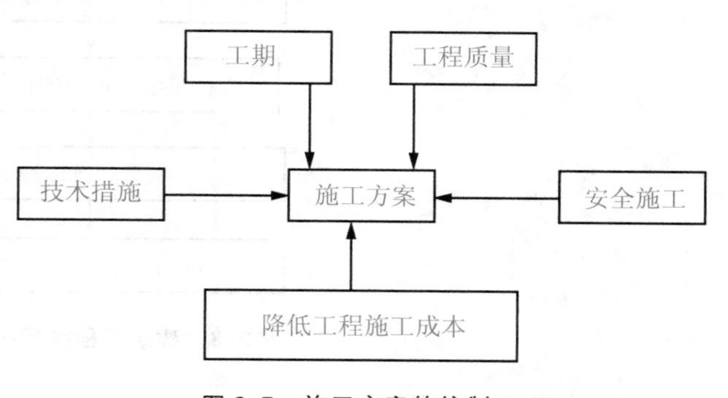

图 3.7 施工方案的编制

(3)编制投标报价

工程项目投标报价是影响投标人竞标是否取胜的关键因素，因此，投标人在编制投标报价时，首先必须根据招标文件进一步校核或复核工程量；其次根据确定的施工方案及该工程采用的合同形式。

这里关键是校核或复核工程量，下面说明几种工程量复核的情况。

1)招标文件同时提供了工程量清单和图纸，应根据图纸对工程量清单所列各项目的工程量进行核对。区别不同情况进行处理。

①如果招标人规定中标后调整工程量清单误差或按实际完成的工程量结算工程价款应全面核对，为今后调整工程量做准备。

②如果招标人规定采用固定总价合同，工程量清单差错不予调整的，只对工程量大、单价高的项目进行校核。

2)招标文件仅提供施工图纸。投标人应根据图纸计算工程量，为投标报价做准备。

3)发现工程量差错的对策。如果招标文件规定，工程量清单仅供投标报价使用，开标前一律不做调整。若发现工程量差错，可根据开标后，是否调整的规定采取相应的对策。

①按招标文件提供的工程量清单报价。

②在投标文件中采用附录形式载明发现的重大差错。

③如果招标文件规定工程量清单即使有差错也不予调整的，投标人可对工程量差错较大的子项，采用扩大标价法报价。建筑工程投标报价的程序如图 3.8 所示。

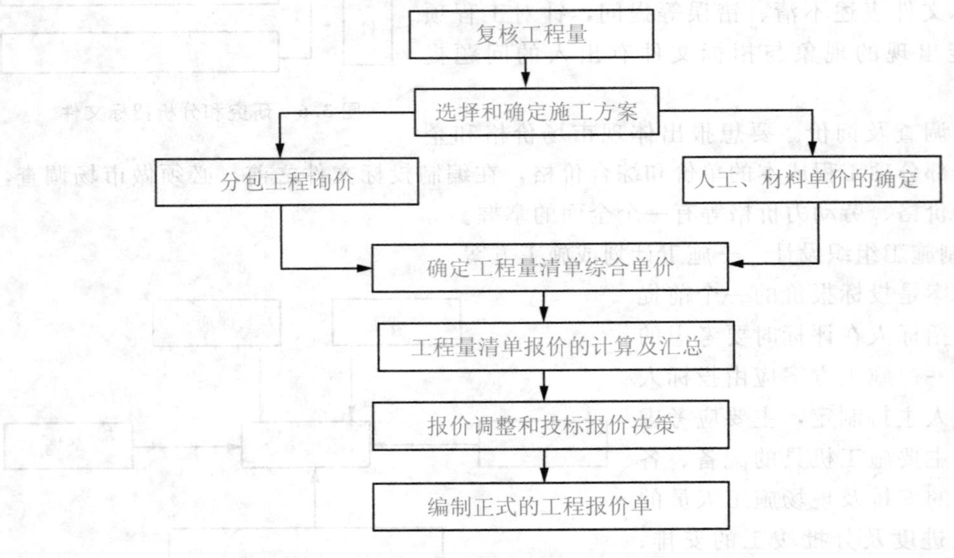

图 3.8 建筑工程投标报价的程序

(4)计算投标报价

投标报价的计算方法通常有定额单价法和综合单价法两种。

定额单价法即施工图预算编制法。所谓单价法，就是根据地区统一的单位估价表中的各项工程的定额基价，乘相应的分项工程的工程量，并相加，得到单位工程的人工费、材料费、机械使用费之和，再加上措施费、间接费、利润、税金，并考虑一定的报价策略，即可得到单位工程的投标报价。操作方法如图 3.9 所示。

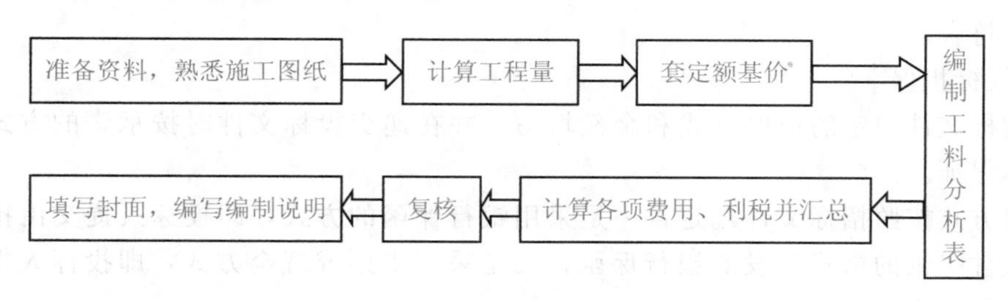

图 3.9　定额单价法的计算过程

2)综合单价法。综合单价是指完成工程量清单中一个规定计量单位项目所需的人工费、材料费、机械使用费、管理费、利润和风险费等各项应计费用的总和。综合单价法是指采用综合单价计算分部分项工程量清单的合计价，然后确定投标报价的方法。分部分项工程量清单计价合计的计算公式如下：

分部分项工程量清单计价合计＝Σ清单所列各项目工程量×该项目综合单价

(5)编制投标文件

投标人按照招标文件提出的投标文件的格式的要求编制投标文件。

二、投标文件的编制方法

编制投标文件基本要求，一要满足招标文件提出的实质性要求，二要贯彻企业决策确定的投标策略和技巧。

(一)投标函的编制

投标函是投标文件的重要组成部分，投标人应按照格式文本，如实填写投标函、投标函附录、法定代表人资格证明书、投标文件签署授权委托书、投标担保等证明投标文件的法律效力和企业商业资信的文件。

1. 投标函的填写

投标人对标价、工期、工程质量、履约担保、投标担保等作出具体、明确的意思表示，加盖投标人单位公章，并由其法定代表人签字或盖章。

(1)投标报价

投标报价简称标价，是投标的核心内容。投标函填写的标价是投标人的正式报价，必须根据投标文件中的投标总价，同时填写文字金额和数字金额，并确保两者完全相符。

(2)工期

投标函的工期包括开工日期、竣工日期和总工期日历天数，填写时，必须首先满足招标文件对工期的要求；其次要与本企业的投标文件技术标中的施工进度，计划的开工、竣工日期和总工期的日历天数相符合。

(3)履约担保

按招标文件规定的数额填写，并与本企业投标函附件《投标保证金》或银行保函的担保金额相符合。

(4)投标担保

按招标文件规定的担保方式和金额填写。并在递交投标文件时按承诺的方式和金额提供投标保证。

担保方式按照招标文件规定，一是采用银行保函的方式，即投标人提交由担保银行按招标文件提供的格式签发的银行保函；二是采用支票或现金方式，即投标人提交投标保证的支票或现金。

目前，一般采用支票或现金方式。招标单位收到支票或现金向投标单位签发收据，如图 3.10 所示。

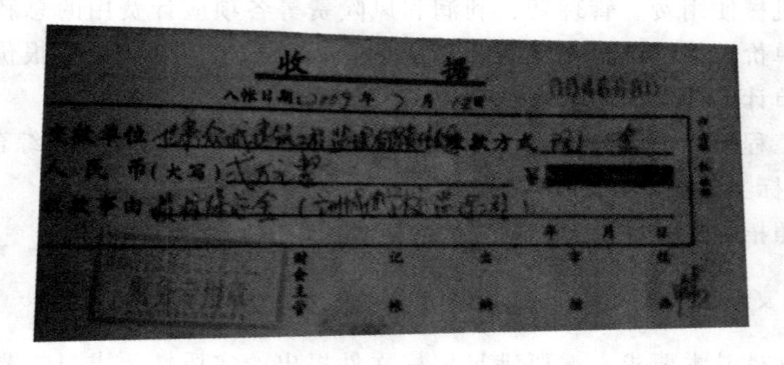
收 据

交款单位　　交款方式

人民币(大写)

交款事由

图 3.10　收据

2. 投标函附录的填写

投标函附录的填写要点如表 3.25 所示。

表 3.25　投标函附录的填写要点

序　号	项 目 内 容	合同条款号	约 定 内 容	填 写 要 求
1	履约保证金 银行保函金额 履约担保书金额		合同价格的( )% 合同价格的( )%	按招标文件要求申报填写。通常：银行保函金额为合同价格的 5%，履约担保书金额为合同价格的 10%
2	施工准备时间		签订合同协议后( )天	根据施工组织设计确定的准备天数和业主的要求填写
3	误期违约金额		( )元/天	响应招标文件的规定
4	误期赔偿费限额		合同价款( )%	响应招标文件的规定
5	提前工期奖		( )元/天	响应招标文件的规定

（续表）

序 号	项目内容	合同条款号	约定内容	填写要求
6	施工总工期		（ ）日历天数	根据施工组织设计确定的总工期填写，必须相应招标文件的规定
7	质量标准			国内工程执行我国的国家标准
8	工程质量违约金最高限额		（ ）元	响应招标文件的规定
9	预付款金额		合同价款（ ）%	响应招标文件的规定，招标文件没有规定的，可暂时不填。
10	预付款保函金额		合同价款（ ）%	同上
11	进度款付款时间		月付款证书（ ）天	按建设工程合同通用条款的规定（14）天，也可降低支付条件
12	竣工结算款付款时间		竣工结算款付款证书（ ）天	按建设工程合同通用条款的规定（28）天，也可降低支付条件
13	保修期		依据保修期约定的期限	执行《建设工程质量管理条例》的规定

3. 投标报价文件的编写

（1）工程施工投标报价的费用组成

工程项目的投标报价是依据该工程项目的建筑安装工程费来确定的。费用项目由直接费、间接费、利润和税金组成，在报价时，还需考虑工程施工中不可预见的费用。

1）直接费由直接工程费和措施费组成。直接工程费是指施工过程中耗费的构成工程实体的各项费用，包括人工费、材料费和施工机械使用费。措施费是指为完成工程项目施工，发生于该工程施工前和施工过程中非工程实体项目的费用，包括环境保护费、文明施工费、安全施工费、临时设施费、夜间施工费、二次搬运费、大型机械设备进出场费及安拆费、混凝土、钢筋混凝土模板及支架费、脚手架费、已完工程及设备保护费、施工排水、降水费等。具体如图3.11所示。

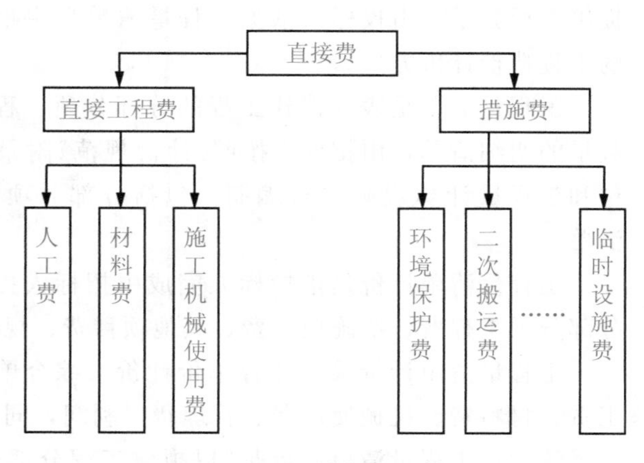

图3.11 直接费的组成

2)间接费由规费和企业管理费组成。规费是指政府和有关权力部门规定必须缴纳的费用，包括工程排污费、工程定额测定费、社会保障费、住房公积金、危险作业意外伤害保险。企业管理费是指建筑安装企业组织施工生产和经营管理所需费用，管理人员工资、办公费、差旅交通费、固定资产使用费、工具用具使用费、劳动保险费、工会经费、职工教育经费、财产保险费等。具体如图 3.12 所示。

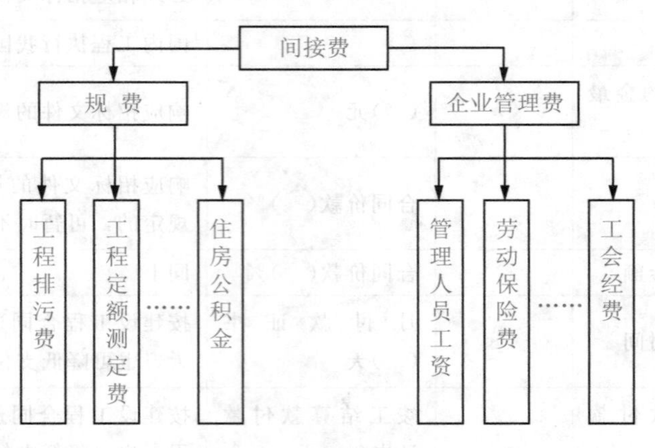

图 3.12　间接费的组成

3)利润、税金和不可预见费。利润是指企业完成承包工程预期获得的利润。税金是指国家税法规定的应计入建筑安装工程造价内的营业税、城市维护建设税及教育费附加。不可预见费又称为风险费，是指工程建设过程中，不可预测因素发生所需的费用，是建筑安装工程投标报价费用项目的重要组成部分。

(2)投标报价文件编写的具体方法

这里主要介绍综合单价法——工程量清单计价法。

1)工程量清单计价法的基本内容。

工程量清单计价法是建设工程招标投标中，招标人按照国家统一的工程量计算规则提供工程数量，由投标人依据工程量清单自主报价，并按照经过评审的合理低价标中标的工程造价计价方式。

工程量清单是表现拟建工程的分部分项工程项目、措施项目、其他项目名称和相应数量的明细清单，由招标人按照《计价规范》附录中统一的项目编码、项目名称、计量单位和工程量计算规则进行编制，包括分部分项工程量清单、措施项目清单、其他项目清单。

工程量清单计价是指投标人完成由招标人提供的工程量清单所需的全部费用，包括分部分项工程费、措施项目费、其他项目费、规费和税金。

工程量清单计价采用综合单价计价。综合单价是指完成规定计量单位项目所需的人工费、材料费、机械使用费、管理费、利润，同时考虑风险因素。

注意：工程量清单计价是“以拟建工程分部分项工程的实体净尺寸计算”，这与预算定额计价有原则上的区别。

在招标投标实务中，工程量清单计价使用比较广泛，采用统一格式，由投标人填写。其内容包括封面、投标总价、工程项目总价表、单项工程费汇总表、单位工程费汇总表、分部分项工程量清单计价表、措施项目清单计价表、其他项目清单计价表、零星工作项目计价表、分部分项工程量清单综合单价分析措施项目费分析表、主要材料价格表。

2)工程量清单计价实例。

基本资料：某多层砖混结构房屋建筑的土方工程，其施工基本情况如下：土壤类别为三类土；基础为带形基础，长度为1 600m；混凝土垫层宽度为1 000mm，混凝土垫层工作面宽度每边增加0.3m，放坡系数为1∶0.33；挖土深度为2m；弃土运距4km. 基础土方采用人工开挖；除沟边堆土外，现场堆土2 200m³，运距60m，采用人工运输；剩余的土方量采用装载机装、自卸汽车运输，运距4km，如图3.13所示。

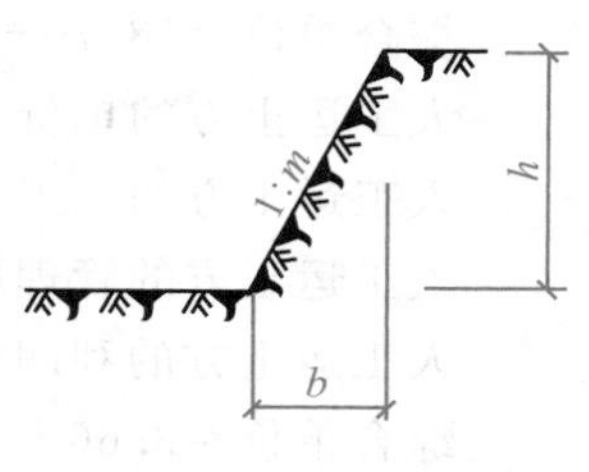

图3.13 实例

第一步，根据基础施工图设计计算挖基础土方清单工程量。

挖基础土方清单工程量(Q)＝基础垫层底面积×挖土深度＝3 200(m^3)

第二步，测定挖基础土方项目的综合单价，确定分部分项工程费。

首先，根据施工方案、施工组织设计文件的资料分析“挖基础土方”清单项目涉及的工程内容。

根据资料，“挖基础土方”清单项目的工程内容有人工挖地槽、人工运土方及装载机装、自卸汽车运土方三项。

其次，计算各项工程内容的实际工程量(定额工程量)。

人工挖地槽：

$$V=(1.0+2\times0.3+0.33\times2)\times2\times1\ 600=7\ 232(m^3)$$

人工运土量：

$$V=2\ 200(m^3)$$

机械运土量：

$$V=7\ 232-2\ 200=5\ 032(m^3)$$

再次，计算综合单价。

根据某地区的工程预算定额各工程项目的单价，若管理费、利润按人工与机械单价之和的11%、4%确定。定额项目表如表3.26所示。

表3.26 某地区挖基础土方定额项目表

工程项目		人工挖地槽	人工运土方(60m)	自卸汽车运土(4km)
基　价		834.18/100m³	5 315.53/1 000m³	12 527.24/1 000m³
其中	人工费/元	829.97/100m³	5 315.53/1 000m³	152.51/1 000m³
	材料费/元			21.79/1 000m³
	机械费/元	4.21/100m³		12 352.94/1 000m³

人工挖地槽单价＝人工挖地槽的人工单价＋人工挖地槽的机械单价＋管理费单价＋

利润单价

人工挖地槽的人工单价＝(7 232×8.2997)/3 200＝18.76(元/m^3)

人工挖地槽的机械单价＝(7 232×0.0421)/3 200＝0.10(元/m^3)

人工挖地槽的管理费单价＝(18.76＋0.10)×11％＝2.07(元/m^3)

人工挖地槽的利润单价＝(18.76＋0.10)×4％＝0.75(元/m^3)

综合单价＝18.76＋0.10＋2.07＋0.75＝21.68(元/m^3)

人工运土方的单价＝人工运土方的单价＋管理费单价＋利润单价

人工运土方的人工单价＝(2 200×5.31553)/3 200＝3.66(元/m^3)

人工运土方的管理费单价＝3.66×11％＝0.40(元/m^3)

人工运土方的利润单价＝3.58×4％＝0.15(元/m^3)

综合单价＝3.66＋0.40＋0.15＝4.21(元/m^3)

装载机装、自卸汽车运土单价＝人工单价＋材料单价＋机械单价＋管理费单价＋利润单价

装载机装、自卸汽车运土人工单价＝(5.032×0.15251)/3 200＝0.24(元/m^3)

装载机装、自卸汽车运土材料单价＝(5 032×0.02179)/3 200＝0.03(元/m^3)

装载机装、自卸汽车运土机械单价＝(5 032×12.35294)/3 200＝19.42(元/m^3)

装载机装、自卸汽车运土管理费单价＝(0.24＋19.42)×11％＝2.16(元/m^3)

装载机装、自卸汽车运土利润单价＝(0.24＋19.42)×4％＝0.79(元/m^3)

综合单价＝0.24＋0.03＋19.42＋2.16＋0.79＝22.64(元/m^3)

最后，计算“挖基础土方”清单项目的综合单价及分部分项工程费，如表 3.27 和表 3.28 所示。

表 3.27　分部分项工程量清单综合单价计算表

工程名称：　　　　　　　　　　　　　　　　　　　　计量单位：m^3

项目编号：　　　　　　　　　　　　　　　　　　　　工程数量：3 200

项目名称：挖基础土方　　　　　　　　　　　　　　　综合单价：48.53 元

序号	项目编号	工程内容	单位	数量	金额/元					
					人工费	材料费	机械费	管理费	利润	小计
1	1～8	人工挖地槽	m^3	7 232	18.76		0.10	2.07	0.75	21.68
2	1～84	人工运土(60m)	m^3	2 200	3.66			0.40	0.15	4.21
3	1～108	装载机装、自卸汽车运土(4km)	m^3	5 032	0.24	0.03	19.42	2.16	0.79	22.64
	合计				22.66	0.03	19.52	4.63	1.69	48.53

挖基础土方综合单价＝21.68＋4.21＋22.64＝48.53(元/m^3)

表 3.28　分部分项工程量清单计价表

工程名称：

序号	项目编码	项目名称	计量单位	工程数量	金额/元	
					综合单价	合计
		土石方工程挖基础土方	立方米	3 200	48.53	155 296
…	…	…	…	…	…	…
		合计				155 296

第三步，计算措施项目费用。

本工程的土方工程涉及一项措施费项目——大型机械场外运输费，其中包括一台次推土机进出场、一台次装载机进出场两项工作内容。根据该地区建筑工程预算定额编定额项目表(见表 3.29～表 3.31)。

表 3.29　定额项目表

定额编号		17～19	17～42
工程项目		推土机进出场	装载机进出场
基价(元)		3 026.03 元/台次	236.31 元/台次
其中	人工费(元)	138.00 元/台次	—
	材料费(元)	168.61 元/台次	—
	机械费(元)	2 719.42 元/台次	236.31 元/台次

表 3.30　措施项目费计算表

项目名称：

序号	项目编号	工程内容	单位	数量	金额/元					
					人工费	材料费	机械费	管理费	利润	小计
1	17～19	推土机进出场	台次	1	138.00	168.61	2 719.42	314.32	114.30	3 454.65
2	17～42	装载机进出场	台次	1	—	—	263.31	28.96	10.53	302.80
	合计				138.00	168.61	2 982.73	343.28	124.83	3 757.45

表 3.31　措施项目清单计价表

工程名称：

序　号	项目名称	金额/元
1	大型机械场外运费	3 757.45
	合计	3 757.45

(二)技术标的编写

在技术标中，最主要的是施工组织设计及项目班子的配备资料的编写。

1. 施工组织设计编制的具体要求

投标文件中的施工组织设计也称为标前施工组织设计，其具体要求如下。

1)采用文字结合图表阐述说明各分部分项工程的施工方法，以及施工机械设备配备、劳动力在施工中安排和材料的采购、运输等计划安排。

2)结合招标工程项目特点，对于工程施工中的工程质量、安全生产、文明施工、工程进度等提出切实可行的措施。

3)对工程的关键工序、复杂环节等提出具体的解决方法，例如，冬雨季施工的技术措施、降低噪声和环境污染的技术措施、地下管线及其他相邻设施的保护加固措施等。

4)准确填写技术标的指定图表。按照施工组织设计的内容填写招标文件指定图表，一定要保证技术标的内容与施工组织设计的内容相一致。

2. 项目班子配备资料的编写

1)项目班子配备情况表。工程项目一般配备：项目经理、项目技术负责人、施工员、材料员、质量员、安全员及泥工、木工和钢筋翻样等技术岗位人员。投标人按照规定如实填写，并与资格预审时填写的一致。

2)项目经理简历表。项目经理的选派对企业是否中标影响很大，投标人应根据招标工程的特点和要求，选派项目经理，必须使项目经理人选符合招标工程的条件，同时，按照规定格式如实填写项目经理简历表。

3)项目技术负责人简历表。投标人应根据招标工程的技术特征选派合适的技术负责人，并按规定格式如实填写项目技术负责人简历表。

4)项目管理班子配备情况辅助说明资料。项目管理班子配备情况辅助说明资料，一般填报的内容如下。

①项目管理班子的机构设置及职责分工。

②项目管理班子主要成员执业资格证书等的复印件。

③投标人认为有必要提供的其他资料。包括项目班子成员的获奖证书、企业与工程施工方面的获奖证书、类似工程竣工验收资料。

3. 项目工程拟分包情况表

企业在投标决策中确定中标后拟将部分工程分包出去，应按规定格式如实填写拟分包情况表。如果不准备分包，就在规定表格填写“无”字样。

4. 替代方案及其报价

如果招标人允许提交替代方案，投标人可提出多种施工方案作为替代方案，并报出各方案的价格，作为投标文件的附录，供招标人参考、选用。

三、投标文件编写注意事项

投标文件的编写质量是能否中标的直接因素，因编写工作疏漏等还可能造成废标。因此，投标文件编写不仅应当体现企业的投标决策，而且还必须符合招标文件的要求。编写投标文件应当注意以下事项。

1)投标人编写的投标文件，必须符合响应招标文件的实质性要求。

2)投标文件必须按规定格式编写，不得任意修改招标文件中原有的工程量清单和投标文件的格式。规定格式的每一空格都必须填写，如有重要数字不填写的，将被作为废标处理。

3)投标文件中的单价、合价、总标价及其大、小写数字既要保证正确还要保证一致。

4)投标文件必须保证字迹、图表、印鉴清晰，所有需要的签名、印鉴齐全。

5)投标文件正本(一本)、副本按招标文件要求的份数提供。

6)投标文件编写完成后，按招标文件的要求整理、装订成册、密封和标志。

7)投标文件应在招标文件规定的投标截止日期前送达到招标文件规定的指定地点。

【实训 3.3】

某教学楼建设工程总建筑面积 7 186 平方米，采用全现浇钢筋混凝土框架结构体系。实行固定合同价承包方式，工程质量要求合格，工期为 12 个月。要求：做一份施工方案，主要体现劳动力、机器设备的配备情况。

任务 4　投标人在招标、投标中的法律责任

引发问题：

投标单位应了解招标文件中哪些信息才能进行有效投标？投标单位在招标投标过程中怎样才能不违犯《招标投标法》的有关规定？

相关知识

一、招标文件对工程项目的要求

1)招标范围，即标段，也就是合同的数量。如本招标项目是施工图以内的施工及安装。

2)工程质量。需要了解工程项目要求的质量标准，质量标准评定应遵循的现行国家或者行业的质量检验评定标准。如本工程项目的质量标准为合格。

3)承包方式。承包方式由发包方式决定，按照工料承发包关系不同分为全部包工包料、部分包工包料和包工不包料 3 种。本工程项目要求包工包料，采用固定合同价承包。

4)工期要求。工期是指从开工到竣工的日历天数，包括开工时间、竣工时间。

5)工程计价方式。工程计价方式是指工程投标报价方式，常用工程量预算及工程量清单报价两种。本工程要求采用工程量预算方式。

二、招标文件对投标单位、相关人员的要求及提交的相关资料

1)投标单位资质及项目经理、技术负责人的技术职称要求。

2)提交的相关资料。

三、招标文件中有关时间的规定

1)提交资格预审申请文件的时间。

2)领取招标文件的时间。

3)踏勘现场的时间。

4)答疑的时间。

5)投标文件提交的截止时间。

四、投标人违犯《招标投标法》的法律责任

投标人违犯《招标投标法》的法律责任如图 3.14 所示。

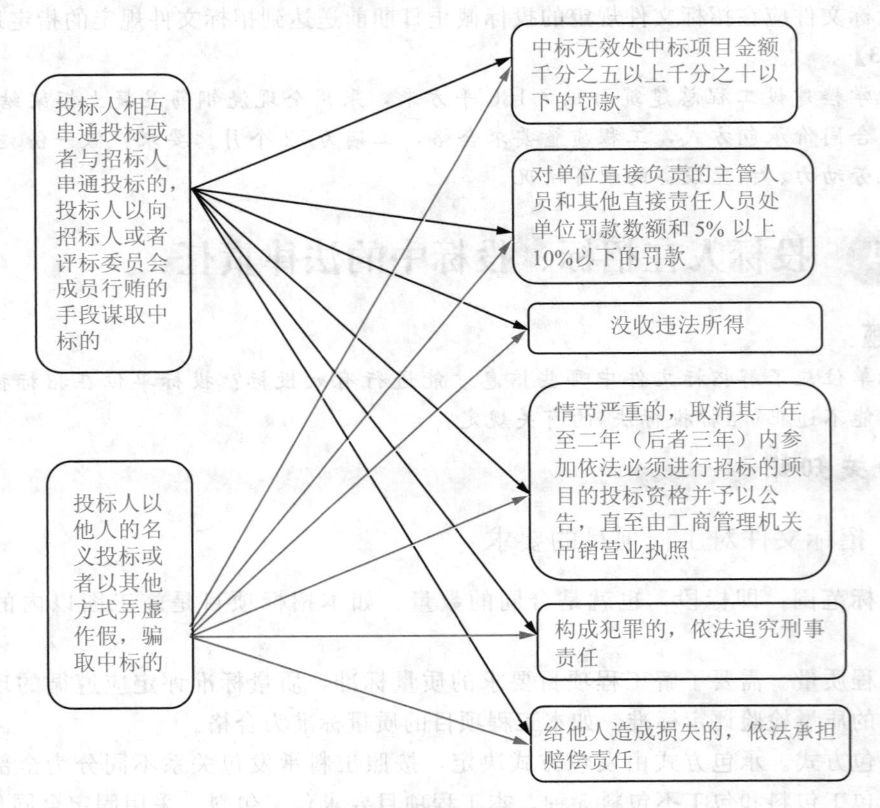

图 3.14　违犯《招标投标法》的法律责任

【实训 3.4】

分析图3.15，投标人在某项工程的招标中采取什么样的手段？应承担什么样的法律责任？

图3.15 插翅难逃

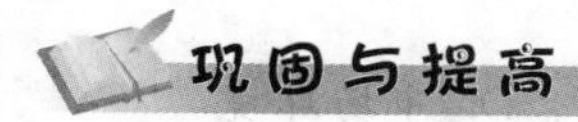

巩固与提高

一、单项选择题

1. 不属于影响投标决策的投标人自身条件是(　　)。

A. 技术因素　　B. 经济因素　　C. 业绩因素　　D. 信誉因素

2. 组建的投标团队不包括(　　)方面的人才。

A. 项目经理　　B. 专业技术　　C. 商务金融　　D. 合同管理

3. 甲、乙两个工程承包单位组成施工联合体投标，甲单位为施工总承包一级资质，乙单位为二级资质，则该施工联合体应按(　　)资质确定等级。

A. 一级　　B. 二级　　C. 三级　　D. 特级

4. 投标书是投标人的投标文件，是对招标文件提出的要求和条件作出(　　)的文本。

A. 承诺　　B. 否定　　C. 响应　　D. 实质性响应

5. 不属于投标报价要求的项目是(　　)。

A. 目的性　　B. 营利性　　C. 准确性　　D. 策略性

6. 不属于不平衡报价法的内容是(　　)。

A. 前高后低法　　B. 工程量增加的报高价

C. 量大价高的报高价　　D. 前低后高法

7. 投标文件不包括的内容是(　　)。

A. 投标函　　B. 投标报价　　C. 技术标　　D. 工程质量保证

8. 投标文件正本(　　)，副本份数见投标人须知前附表。正本和副本的封面上应清楚地标记“正本”或“副本”的字样。当副本和正本不一致时，以正本为准。

A. 一份　　B. 二份　　C. 三份　　D. 四份

9. 投标文件由委托代理人签字的，投标文件应附法定代表人签署的(　　)。

A. 意见书　　B. 法定委托书　　C. 授权委托书　　D. 指定委托书

10. 投标文件必须加盖(　　)印章。

A. 投标单位　　B. 法人代表

C. 招标代理机构　　D. 投标单位、法人代表或法人代表委托人

二、多项选择题

1. 影响企业投标决策的外在因素包括(　　)。

A. 业主状况　　B. 竞争对手　　C. 法律法规　　D. 材料价格

2. 企业投标目标是(　　)。

A. 取得业务，满足生存需要　　B. 创立和提高企业的信誉

C. 扩大影响或取得丰厚的利润　　D. 和业主建立友好关系

3. 企业投标团队由(　　)类人才组成。

A. 经营管理　　B. 专业技术　　C. 公关　　D. 财经

4. 现场踏勘是指招标人组织投标人对项目实施现场的(　　)等客观条件和环境进行的现场调查。

A. 地质条件　　B. 气候条件　　C. 交通条件　　D. 市场环境

5. 按编制工程概、预算的方法编制的投标报价，费用主要由(　　)组成。

A. 直接工程费　　B. 间接费用　　C. 管理费　　D. 风险费

6. 下列项目中，属于投标文件的有(　　)。

A. 施工组织设计　　B. 投标函及其附录

C. 纳税证明　　D. 投标保证金或保函

三、判断题

1. 企业不景气时的投标是为了取得业务，满足企业生存的需要。　(　　)

2. 企业为了实现长期利润目标，通常采用“薄利多销”的投标策略。　(　　)

3. 在不平衡报价法中，工程内容不明确的报低价。　(　　)

4. 定额单价法即施工图预算编制法。　(　　)

5. 投标文件首先应满足招标文件提出的实质性要求。　(　　)

6. 投标文件的核心是施工方案。　(　　)

7. 拟派的项目经理不受招标工程等条件限制。　(　　)

8. 投标文件的正本和副本应分别密封。　(　　)

项目4

开标、评标和定标

教学楼工程项目按照招标文件规定的时间、地点进行开标、评标及定标。

任务1 开标的主要工作内容

引发问题：

开标中有哪些参与单位？由谁组织与主持？主要工作内容有哪些？

相关知识

一、开标的时间和地点

开标就是在投标人提交投标文件截止时间后，招标人依据招标文件规定的时间和地点，开启投标人提交的投标文件，公开宣读投标文件中的投标人资质、投标报价等有关内容。

开标应在招标文件确定的投标截止时间的同一时间公开进行；开标的地点应在招标文件中预先确定，一般在建设工程交易中心进行。若变更开标时间和地点，应提前通知投标人和有关单位。

二、开标工作组织及人员组成

开标工作由招标人或招标人委托的招标代理机构组织进行，投标人代表、公正部门代表和有关单位代表参加。主要人员有主持人、开标人、唱标人、记录人和监标人组成。

由招标人或招标人委托的招标代理机构主持；由投标人或其推选的代表检查投标文件的密封情况，也可以由招标人委托的公正机构检查并公正。开标过程应当记录，并存档备查。图 4.1 为某建设工程开标现场。

图 4.1　开标现场

三、开标的主要工作内容

开标会的主要工作内容有：宣读无效标和弃权标的规定；核查投标人提交的各种证件、资料；检查标书密封情况并唱标；公布评标原则和评标办法。

四、开标会议的程序

1)招标人签收投标人递交的投标文件。投标人在开标当日且在开标地点递交的投标文件，应当填写投标文件报送签收一览表，招标人应当有专人负责接收投标人递交的投标文件。提前递交的投标文件也应当办理同样的签收手续，由招标人在开标当日带至开标现场。在招标文件规定的投标截止日期后递交的投标文件，招标人应当拒收并原封退还给投标人。

如果在投标截止时间前递交投标文件的投标人少于 3 家，则招标无效，招标人应当依法重新组织招标。

2)投标人出席开标会的代表签到。

3)开标会主持人宣布开标会开始并宣布开标人、唱标人、记录人和监督人员。

开标人一般为招标人或招标代理机构的工作人员；唱标人可以是投标人的代表、招标人或招标代理机构的工作人员；记录人由招标人指派，有形建筑市场的工作人员同时记录唱标内容；招标办监管人员或招标办授权的有形建筑市场的工作人员对开标过程进行监督。

4)主持人介绍主要与会人员。

5)主持人宣布开标会议程序、开标会议纪律和废标条件。

投标文件有下列情形之一的，应当场宣布为废标。

①逾期送达的或者未送达到指定地点的。

②未按照招标文件要求密封的。

投标文件有下列情形之一的，由评标委员会初审后按废标处理。

①无单位盖章并无法定代表人或法定代表人授权的代理人签字或盖章的。

②未按规定格式填写，内容不全或关键字字迹模糊、无法辨认的。

③投标人递交两份或多份内容不同的投标文件，或在一份投标文件中对同一招标项目报有两个或多个报价，且未声明哪一个有效的(按招标文件规定提交备选投标方案的除外)。

④投标人名称或组织机构与资格预审时不一致的。

⑤未按招标文件要求提交投标保证金的。

⑥联合体投标未附联合体各方共同投标协议的。

6)核对投标人授权代表的身份证件、授权委托书及出席开标会的人数。

除核对投标人代表的有关证件外，按照招标文件规定，要求投标人在开标时还需提交如下证件：营业执照(副本原件)、资质等级证书(副本原件)、建筑企业施工安全证书(原件)、建筑施工企业项目经理资质证书(副本原件)、投标人已获取的奖励证书如鲁班奖、优秀工程奖等、近三年完成同类工程竣工验收证书、法定代表人或授权委托人必须携带本人身份证。

7)主持人介绍招标文件、补充文件或答疑文件的组成及发放情况。主要介绍招标文件的组成部分、发标时间、答疑时间、补充文件或答疑文件的组成、发放和签收情况。同时还可以强调主要条款和招标文件的实质性要求。

8)主持人宣布投标文件截止时间和实际送达时间，检查投标人标书的密封情况。招标人和投标人代表共同(或公证机关)检查各投标人标书的密封情况，密封不符合招标文件要求的投标书当场被确认为废标，不得进入评标程序。

9)开标和唱标。一般按投标书送达时间的逆顺序开标、唱标。开标由指定的开标人在监督人员及与会代表的监督下当众拆封，检查其中投标文件组成情况并记入开标会记录；唱标的内容一般包括投标报价、工期和质量标准、质量奖励等方面的承诺、替代方案报价、投标保证金、主要人员等。

10)公布标底、评标原则和方法。招标人设有标底的，必须当场公布标底。同时将公布评标原则和方法。

11)开标会议记录签字确认。开标记录内容主要包括开标时间、开标地点、出席开标会议的单位及人员、唱标记录、开标会议程序、开标过程中出现的需要评标委员会评审的情况、(如果有公正机构出席并监督整个开标过程的)公正结果等。投标人授权代表应当在开标记录上签字确认。

【实训4.1】

模拟开标情形，做一份唱标方案。(内容控制在5分钟)

任务2　评标的程序、方法及指标要求

引发问题：

评标委员会的组成及成员要求；评标的方法及评标程序；什么样的标书符合招标单位及招标工程项目的要求。

相关知识

评标就是对投标文件的评审和比较，通常由评标委员会进行，通过对投标文件的符合性评定、技术标评审、商务标评审、投标文件澄清与答辩、综合评审、资格后审等环节进行。

一、评标委员会的人员组成及要求

1. 评标委员会的人员组成

评标由招标人依法组建的评标委员会负责。评标委员会由招标人的代表和有关技术、经济等方面的专家组成，成员人数为5人以上的单数(其中造价工程师不少于2人)，其中技术、经济等方面的专家不得少于成员总数的三分之二。一般的招标项目可以由招标人在专家库中采取随机抽样方式，技术特别复杂、专业性要求特别高或者国家有特殊要求的招标项目可以由招标人直接确定。

2. 评标委员会的成员要求

评标专家应当符合下列条件。

1)从事相关专业领域工作满8年具有高级职称或者同等专业水平。

2)熟悉有关招标投标的法律法规，并具有与招标项目相关的实践经验。

3)能够认真、公正、诚实、廉洁地履行职责。

有下列情形之一的，不得担任评标委员会成员。

1)投标人或者投标人主要负责人的近亲属。

2)项目主管部门或者行政监督部门的人员。

3)与投标人有经济利益关系，可能影响对投标公正评审的。

4)曾因在招标、评标及其他与招标投标有关活动中从事违法行为而受过刑事处分或刑事处罚的。

3. 评标委员会成员违反《招标投标法》的法律责任

评标委员会成员应当承担法律责任的情形如图4.2所示。

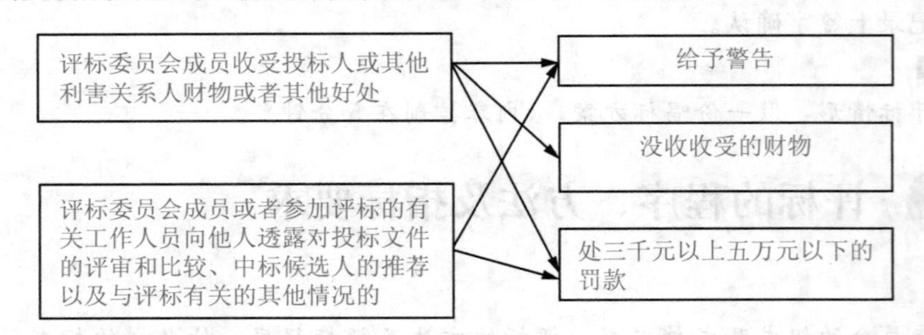

图4.2　评标委员会成员应当承担法律责任的情形

对有上述违法行为的评标委员会成员取消担任评标委员会成员资格，不得再参加任何依法必须进行招标的项目评标；构成犯罪的，依法追究其刑事责任。

评标委员会成员应当客观、公正地履行职责，遵守职业道德，对所提出的评审意见承担个人责任。评标工作由评标委员会负责人主持进行。

二、评标方法

评标可以采用综合评估法、经评审的最低投标价法或者法律法规允许的其他评标方法。

1. 综合评估法

综合评估法就是对投标文件提出的工程质量、施工工期、投标价格、施工组织设计或者施工方案、投标人及项目经理业绩等，能否最大限度地在满足招标文件中规定的各项要求和评价标准进行评审和比较。以评分方式进行评估，对于各种评比奖项不得额外计分。通常采用加权平均法，给各项目规定不同的权重(即系数或得分)，下面是综合评估法的量化案例：

(1)$N=A_1\times J+A_2\times S+A_3\times X$

其中：A_1，A_2，A_3为各项指标权重；

N：为评标总得分；

J：施工组织设计(技术部分)评审得分；

S：投标报价(商务部分)评审得分，以最低报价得满分，其余报价按比例折减计算得分；

X：投标人的质量、综合实力、信誉、业绩等得分。

得分最高者为中标候选人。

(2)$N'=A_1\times J'+A_2\times S'+A_3\times X'$

其中：N'：为评标总得分；

J'：施工组织设计(技术部分)评审得分排序，$J'=1，2，3\cdots$

S'：投标报价(商务部分)评审得分排序，按报价从低到高排序，$S'=1，2，3\cdots$

X'：投标人的质量、综合实力、信誉、业绩等得分排序，按得分从高到低排序，$X'=1，2，3\cdots$；

A_1，A_2，A_3 分别为项指标所占的权重。可分别 A_1 取 30%～70%；A_2 取 70%～30%；A_3 取 0～20%，系数之和为 100%。

2. 经评审的最低投标价法

经评审的最低投标价法是指评标委员会按照招标文件的规定的评标价格调整方法，对所有投标人的投标报价以及投标文件的商务标部分作必要的调整，在投标文件能够满足招标文件实质性要求的投标人中，评出价格最低的投标人，但投标报价低于其企业成本的除外。

经评审的最低投标价法适用于技术、性能等方面没有特殊要求的工程项目。

三、评标程序

1. 评标准备

首先，评标委员会成员应当准备为评标使用的相应表格。

其次，评标委员会成员应当了解和熟悉招标文件，一般应了解和熟悉以下内容。

1)招标的目的。

2)招标项目的范围和性质。

3)招标文件中规定的主要技术要求、标准和商务条款。

4)招标文件规定的评标标准、评标方法和在评标过程中考虑的相关因素。

最后，招标人或招标人委托的招标代理机构向评标委员会提供评标所需的重要信息和数据。

2. 初步评审

初步评审也称响应性审查或符合性审查，是评标委员会按照招标文件规定的标准和方法，对投标文件进行系统的评审和比较。

(1)对投标文件进行符合性鉴定，检查投标文件是否按照招标文件规定和要求编制、签署；投标文件是否实质上响应招标文件的要求

所谓实质上响应招标文件的要求，就是投标文件应该与招标文件的所有条款、条件和规定相符，无显著差异或保留。显著差异或保留是指对工程的发包范围、质量标准、工期、计价标准、合同条件及权利义务产生实质性影响。如果投标文件实质上不响应或不符合招标文件的要求，该投标文件应作为废标处理。审查内容如下。

1)投标人的资格。审查投标人资格条件是否符合国家有关规定和招标文件要求；审查投标人是否为通过资格预审的投标人。

2)投标担保。审查投标人是否按照招标文件要求提供投标担保；提供的投标担保是否有瑕疵。

3)投标文件签字盖章。审查投标文件是否有投标人授权代表签字和加盖公章。

4)施工工期。审查投标文件载明的招标项目完成期限是否超过招标文件规定的期限。

5)技术标准。审查投标文件载明的技术规范、技术标准是否符合招标项目的要求。

6)投标文件是否提出了招标人不能接受的保留条件。

(2)按照报价的高低或者招标文件规定的其他方法对投标文件进行排序

1)以多种货币报价的，按开标当日中国银行公布的汇率换算成人民币。

2)投标文件中大写金额和小写金额不一致的，以大写金额为准；总价金额与单价金额不一致的，以单价金额为准，但单价金额小数点有明显错误的除外。

3)不同文字文本投标文件的解释发生异议的，以中文文本为准。

(3)评标委员会可以书面形式要求投标人对投标文件中含义不明确、对同类问题表述不一致或者有明显文字和计算错误的内容作必要的澄清、说明或者补正。澄清、说明或

者补正应以书面形式进行，但不得超出投标文件范围或者改变投标文件实质性内容

评标委员会否决不合格投标或者界定为废标后，因有效投标不足三个使得投标明显缺乏竞争的，评标委员会可以否决全部投标。投标人少于三个或者所有投标被否决的，招标人应当依法重新招标。

3. 详细评审

经初步评审合格的投标文件，评标委员会应当根据招标文件确定的评标标准和方法，对其商务标部分和技术标部分进行进一步评审和比较。

(1)商务评审与比较

审查其投标报价是否按照招标文件要求的计价依据进行报价；其报价是否合理，是否低于工程成本；并对具有投标报价的工程量清单表中的单价和合价进行校核。投标文件商务部分主要评审和比较的内容如下。

1)投标报价的校核。

2)审查全部报价数据计算的正确性。

3)分析报价构成的合理性和可行性。

4)设有标底的，参考标底价格进行对比。

(2)技术部分评审

对投标人的技术评审应当包括以下内容。

1)施工方案或施工组织设计(施工方法)评审。

①施工方案或施工组织设计(施工方法)是否先进、合理。

②进度计划及措施是否科学、合理、可靠。

③质量、安全保证措施是否合理、可靠。

④现场平面布置及文明施工措施是否合理、可靠。

⑤主要施工机械、劳动力配备和供应是否与施工进度相适应。

⑥项目经理、主要管理人员和工程技术人员的配备数量和资历是否满足工程管理需要。

⑦施工组织设计是否完整。

2)工程质量评审。工程质量应达到国家施工验收规范标准，能满足招标文件的要求，质量保证措施全面、可行。

3)工程工期评审。工程施工工期即由工程正式开工之日起至施工单位提交竣工报告之日止，工期必须满足招标文件的要求。

4)企业综合实力评审。企业综合实力包括企业的财务状况、机械设备情况、人员素质情况及拟派出项目经理及项目管理班子情况等。

5)企业信誉评审。企业信誉是指企业合同履行情况、经营作风、企业得到业主的满意程度及企业得到的奖励和收到的处罚情况等。

6)企业经营业绩评审。企业经营业绩是指企业承担过类似工程、工程完成情况及在建工程施工情况等。

四、评审报告

评审报告是评标委员会评标结束后提交给招标人的一份重要文件（书面评审报告），阐明评标委员会对各投标文件的评审和比较意见，并向招标人推荐中标候选人或确定中标人。评标报告包括如下内容。

1）基本情况和数据表，如表4.1所示。

表4.1 基本情况和数据表

1. 工程综合说明

建设单位：________________

工程名称：________________ 建设地点：________________

工程类别：________________ 建设规模：________________

质量标准：________________ 标段：________________

计划工期：计划　　年　　月　　日开工

　　　　　计划　　年　　月　　日竣工

招标内容：________________

____

____

____

招标方式：公开招标（　　）

　　　　　邀请招标（　　）

2. 投标人情况

序号	技术标		商务标		投标书送达时间	联系人	电话
	正本	副本	正本	副本			
1							
2							
3							
4							
5							

2）评标委员会成员名单如表4.2所示。

表4.2 评标委员会成员名单一览表

序　　号	姓　　名	性　　别	职　　称	工作单位	招标人代表或受聘专家
1					
2					
3					

（续表）

序　　号	姓　　名	性　　别	职　　称	工作单位	招标人代表或受聘专家
4					
5					
6					
7					

3)开标记录如表4.3所示。

表4.3　开标情况记录表

<table>
<tr><td colspan="7">开标地点</td></tr>
<tr><td colspan="7">开标时间</td></tr>
<tr><td colspan="4">招标人</td><td colspan="3">监标人</td></tr>
<tr><td colspan="2">主持人</td><td colspan="2"></td><td>姓名</td><td colspan="2">单位</td></tr>
<tr><td colspan="2">记录人</td><td colspan="2"></td><td></td><td colspan="2"></td></tr>
<tr><td colspan="2">唱标人</td><td colspan="2"></td><td></td><td colspan="2"></td></tr>
<tr><td colspan="2">工作人员</td><td colspan="2"></td><td></td><td colspan="2"></td></tr>
<tr><td colspan="7">招标人情况</td></tr>
<tr><td>顺序</td><td>投标人名称</td><td>工期</td><td>质量</td><td>保修期</td><td>保修金</td><td>项目经理</td></tr>
<tr><td>1</td><td></td><td></td><td></td><td></td><td></td><td></td></tr>
<tr><td>2</td><td></td><td></td><td></td><td></td><td></td><td></td></tr>
<tr><td>3</td><td></td><td></td><td></td><td></td><td></td><td></td></tr>
<tr><td>4</td><td></td><td></td><td></td><td></td><td></td><td></td></tr>
<tr><td>5</td><td></td><td></td><td></td><td></td><td></td><td></td></tr>
<tr><td>6</td><td></td><td></td><td></td><td></td><td></td><td></td></tr>
<tr><td>7</td><td></td><td></td><td></td><td></td><td></td><td></td></tr>
</table>

4)符合要求的投标一览表如表4.4所示。

表4.4　符合要求的投标一览表

工程项目：　　　　　　　　　　　　　　　　年　月　日

投标人名称 投标文件核查项目							
投标是否按照招标文件的要求提供投标保证金							
投标文件是否按照招标文件的要求予以密封							

（续表）

投标人名称 投标文件核查项目							
投标文件封面或投标文件是否按招标文件要求签名或盖章							
组成联合体投标的投标文件是否附联合投标共同协议							
投标文件是否按照招标文件规定格式填写							
投标文件载明的招标项目完成时间和质量标准是否符合招标文件要求							
投标文件的关键内容字迹是否模糊无法辨认							
有无分包情况说明							
评标委员会确认签字							
备注							

5)废标情况说明如表4.5所示。

表4.5 投标人废标情况说明表

投标单位名称	
商务标	说明
技术标	说明
投标单位名称	
商务标	说明
技术标	说明
投标单位名称	
商务标	说明
技术标	说明

6)评标标准、评标方法或者评标因素一览表。主要从符合性即响应性审查、综合评审法评审因素及评审标准3个方面进行简单阐述。

①符合性评审即响应性评审，如果投标书响应招标文件的实质性要求，按照招标文件规定格式填写，为有效投标，否则为废标，如表4.6所示。

表 4.6　符合性评审

项目 \ 投标人名称	投标人(1)	投标人(2)	投标人(3)	投标人(4)	投标人(5)	投标人(6)
参加开标仪式	√	√	√	√	√	√
投标书密封	√	√	√	√	√	√
投标书盖章、签字	√	√	√	√	√	√
授权代理人授权书	√	√	√	√	√	√
投标保函或保证金	√	√	√	√	√	√
投标书按规定格式填写	√	√	√	√	√	√
字迹清晰可辨	√	√	√	√	√	√
按工程量清单填写了单价和总价	√	√	×	√	√	√
有分包计划的提交分包协议和分包比例	√	√	√	√	√	√
审查结论	通过	通过	通过	通过	通过	通过

注：满足要求的打"√"，否则打"×"，审查结论分"通过"和"不通过"。经审查，投标人(3)未按招标文件规定格式填写，出现两种单价报价，未通过符合性审查，其他所有开标时的有效标书均通过符合性审查。

施工方案(施工组织设计)评审如表 4.7 所示。

表 4.7　施工方案评审

<table>
<tr><th>项　　目</th><th colspan="3">分 项 指 标</th><th>评 分 标 准</th></tr>
<tr><td rowspan="8">施工组织设计(4分)</td><td rowspan="6">文字说明(3)</td><td rowspan="2">施工总体方案(1分)</td><td>完整性</td><td>有工程概况、总体工期安排、总体施工布置及方案的得满分，否则扣分</td></tr>
<tr><td>合理性</td><td>上述内容合理得满分，否则扣分</td></tr>
<tr><td rowspan="2">施工准备(1分)</td><td>完整性</td><td>有设备、人员的安排及设备、人员、材料运到现场的方法的得满分，否则扣分</td></tr>
<tr><td>合理性</td><td>上述内容合理得满分，否则扣分</td></tr>
<tr><td rowspan="2">施工方案方法(1分)</td><td>完整性</td><td>有基础工程、主体工程施工方案的得满分，否则扣分</td></tr>
<tr><td>合理性</td><td>上述内容合理得满分，否则扣分</td></tr>
<tr><td rowspan="2">图表部分(1分)</td><td colspan="2">完整性</td><td>有相关图表的得满分，否则扣分</td></tr>
<tr><td colspan="2">合理性</td><td>上述图表合理得满分，否则扣分</td></tr>
</table>

（续表）

项　目	分 项 指 标	评 分 标 准
关键工程项目及其技术方案（3分）	提出了明确的关键工程项目（1分）	提出了基础工程、主体工程建造等关键工程项目的得满分，否则扣分。
	技术方案合理性（3分）	上述内容合理得满分，否则扣分
工期的确保措施（1分）	有确保措施得0.5分	有人员保证、设备保证、冬雨季施工措施的得满分，否则扣分。
	保证措施合理的得0.5分	上述内容合理得满分，否则扣分
管理机构（1分）	组织机构框架图及说明	有完整的资质机构框架图的得满分，否则扣分
	机构设置的合理性	上述框架图合理得满分，否则扣分
管理人员素质（3分）	项目经理（1.5分）	承担过类似工程项目、达到招标工程项目的资质要求的得满分，否则扣分
	项目技术负责人（1分）	项目技术负责人达到中级（包括中级）以上工程技术职称的得满分，否则扣分
	施工、安全、质检人员（0.5）	达到达到招标工程项目的资质要求的得满分，否则扣分

7）经评审的价格或者评分比较一览表。其中包括三张表格，分别是施工技术标评分汇总，商务标汇总及技术、商务标汇总，如表4.8～表4.10所示。

表4.8　施工技术标评分汇总

序号	专家编号 / 投标人	1	2	3	4	5	6	…	技术标总分值	平　均　分
1										
2										
3										
4										
5										
6										
…										
评委确认签字										

表4.9　商务标汇总

报价评分方法：

序　　号	投标人	投标报价/元	浮动率/%	商务标分值	备　　注
1					
2					
3					
…					
备注					
评委确认签字					

表4.10　技术、商务标汇总

序　　号	投标人	技术、商务定量细评得分		总得分	排　　序	备　　注
		技术评分	商务评分			
1						
2						
3						
4						
…						
评委确认签字						

招标人对评标结果确认签字：　　　　　　　　　　　　　年　　月　　日

8)经评审的投标人排序。(略)

9)推荐的中标候选人名单与合同前要处理的事宜。(略)

10)澄清、说明、补正事项纪要。(略)

【实训4.2】

在某建筑工程施工公开招标中，有A～H等施工单位报名投标，经招标代理机构资格预审合格，但建设单位以A单位是外地单位为由不同意其参加投标。

1)评标委员会由5人组成，其中当地建设行政主管部门的招投标管理办公室主任1人，建设单位代表1人，随机抽取的技术经济专家3人。

2)评标时发现，B单位的投标报价明显低于其他单位报价且未能说明理由；D单位投标报价大写金额小于小写金额；F单位投标文件提供的施工方法为其自创，且未按原方案给出报价；H单位投标文件中某分项工程的报价有个别漏项；其他单位投标文件均符合招标文件要求。

问题：1)A 单位是否有资格参加投标？为什么？

2)评标委员会的组成是否不妥？

3)B、D、F、H 这 4 家单位的标书是否为有效标？

任务 3 定标和签订合同

引发问题：

投标单位应具备什么样的条件才能满足招标单位及招标工程项目的要求？招标人、中标人签订合同的有效期限是什么？招标人、中标人违犯《招标投标法》承担法律责任的情形及其法律责任的类型有哪些？

相关知识

一、定标概述

定标也称决标，是指评标结束后，由评标委员会按照排名直接确定中标人或由招标人从评标委员会推荐的中标候选人中确定中标人，依法必须进行招标的项目，招标人应当确定排名第一的中标候选人为中标人。排名第一的中标候选人放弃中标、因不可抗力提出不能履行合同，或者招标文件规定应当提交履约保证金而在规定的期限内未能提交的，招标人可以确定排名第二的中标候选人为中标人。

排名第二的中标候选人因前款规定的同样原因不能签订合同的，招标人可以确定排名第三的中标候选人为中标人。

1. 中标人的条件

中标人的投标文件应当满足以下条件。

1)能够最大限度地满足招标文件规定的各项综合评价标准。

2)能够满足招标文件的实质性要求，并且经评审的投标价格最低，但是投标价格低于成本价的除外。

2. 发出中标通知书

(1)中标通知书发出时间

评标委员会提出评标报告后，招标人一般应在 15 日内确定中标人，向确定的中标人发出《中标通知书》，最迟应当在投标有效期结束日 30 个工作日前确定。

(2)中标通知书的法律效力

中标通知书发出后，招标人改变中标结果的，或者中标人放弃中标项目的，都应当依法承担法律责任。

(3)提交招标投标书面报告

依法必须进行的施工招标项目，招标人应当自发出中标通知书之日起 15 日内，向有关行政监督部门提交招标投标书面报告。报告应当包括下列内容。

1)招标范围。

2)招标方式和发布招标公告的媒介。

3)招标文件中投标人须知、技术条款、评标标准和方法、合同主要条款。

4)评标委员会组成和评标报告。

5)中标结果。

二、签订合同

招标人应当在《中标通知书》发出之日起30日内，按照招标文件和中标人签订合同。招标人和中标人不得再行订立背离合同实质性内容的其他协议。合同中确定的建设规模、建设标准、建设内容、合同价格应当控制在批准的初步设计及概预算文件范围内；确需超出规定范围的，应当在中标合同签订前，报原项目审批部门审查同意。凡应报经审查而未报的，在初步设计和概预算调整时，原项目审批部门一律不予承认。

招标人与中标人签订合同后五个工作日内，应当向中标人和未中标人退还投标保证金。中标人不与招标人订立合同的，投标保证金不予退还并取消其中标资格，给招标人造成的损失超过投标保证金数额的，应当对超过部分予以赔偿。

招标文件要求中标人提交履约保证金或者其他形式履约担保的，中标人应当提交。中标人拒绝提交的或不能在规定期限内提交，视为放弃中标项目；招标人报请招标管理机构批准同意后，取消其中标资格，并按规定不予退还其投标保证金。招标人不得擅自提高履约保证金，不得强制中标人垫付中标项目建设资金。同时，招标人应当向中标人提供工程款支付担保。

三、中标人违犯《招标投标法》的法律责任

1)招标人将中标的项目转让给他人的，将中标的项目肢解后转让给他人的，将中标项目的部分主体、关键性工作分包给他人的，或者分包人再次分包的，转让、分包无效，处转让、分包项目金额千分之五以上千分之十以下的罚款；有违法所得的，并处没收违法所得；可以责令停业整顿；情节严重的，由工商行政管理部门吊销营业执照。

2)中标人不履行与招标人订立的合同的，履约保证金不予退还，给招标人造成的损失超过履约保证金额的，还应当对超过部分予以赔偿；没有提交履约保证金的，应当对招标人的损失承担赔偿责任；中标人不按照与招标人订立的合同履行情节严重的，取消其二年至五年内参加依法必须进行招标项目的投标资格并予以公告，直至由工商行政管理部门吊销营业执照。

【实训4.3】

某单位就施工图以内的施工及安装工程进行招标，评标委员会采用综合评估法，对7家投标单位的投标文件进行比较和评审，从中选出甲、乙、丙三个单位作为中标候选人，招标单位想让乙单位成为中标单位，借故不与甲单位签订合同。请分析：①招标单位的做法是否可行？②什么情况下，乙单位才能成为中标单位？③按照规定，招标单位应在多长时间内与中标单位签订合同？

巩固与提高

一、单项选择题

1. 开标工作由(　　)主持。

A. 投标人代表　　B. 招标人　　C. 招标代理机构　　D. 招标管理机构

2. 开标的主要工作内容有(　　)。

A. 投标人代表宣读投标报价　　B. 公正机关宣读公证词

C. 宣读无效标和弃权标的规定　　D. 递交投标文件

3. 由评标委员会初审后按废标处理的废标有(　　)。

A. 逾期送达的投标文件　　B. 未送达指定地点的投标文件

C. 无单位盖章的投标文件　　D. 未按照招标文件要求密封的投标文件

4. 评标委员会成员中，专家人数为(　　)的单数。

A. 3人以上　　B. 5人以上　　C. 7人以上　　D. 9人以上

5. 综合评估法评标不考虑的因素是(　　)。

A. 施工组织设计　　B. 投标报价　　C. 施工工期　　D. 企业信誉

6. 评标委员会否决不合格投标或者界定为废标后，因有效投标不足(　　)，评标委员会可以否决全部投标。

A. 2个　　B. 3个　　C. 4个　　D. 5个

7. 评标结束后，招标人一般应在(　　)确定中标人，向确定的中标人发出《中标通知书》。

A. 7日内　　B. 10日内　　C. 15日内　　D. 20日内

8. 招标人应当自发出《中标通知书》之日起(　　)，向有关行政监督部门提交招标投标书面报告。

A. 7日内　　B. 10日内　　C. 15日内　　D. 30日内

9. 招标人应当自发出《中标通知书》之日起(　　)，按照招标文件规定，和中标人签订合同。

A. 7日内　　B. 10日内　　C. 15日内　　D. 30日内

10. 招标人与中标人签订合同后(　　)工作日内，应当向中标人和未中标人退还投标保证金。

A. 5个　　B. 7个　　C. 10个　　D. 15个

二、多项选择题

1. 开标的主要工作内容有(　　)。

A. 参加人员签到　　B. 核查投标人提交的各种证件、资料

C. 检查投标文件密封情况　　D. 唱标

2. 投标文件有下列(　　)情形之一，开标时宣布为废标。

A. 逾期送达　　B. 未送达到指定地点

C. 无单位盖章　　D. 未按照招标文件要求密封

3. 投标文件有下列(　　)情形之一，评标委员会初审后按废标处理。

A. 无单位盖章并无法定代表人或其授权的代理人签字或盖章

B. 未按规定格式填写，内容不全或关键字迹模糊无法辨认的

C. 投标人名称或组织机构与资格预审不一致

D. 未按照招标文件要求提交投标保证金

4. 开标时要求投标人提交(　　)等证件。

A. 营业执照(副本原件)　　B. 资质等级证书(副本原件)

C. 近三年未发生安全事故证明　　D. 建筑企业施工安全证书(原件)

5. 唱标的内容一般包括(　　)等内容。

A. 投标报价　　B. 施工工期

C. 质量标准　　D. 联合体投标协议

6. 评标委员会由(　　)组成。

A. 招标人代表　　B. 技术方面专家

C. 经济方面专家　　D. 招标代理机构

7. 评标方法有(　　)。

A. 综合评估法　　B. 加权平均法

C. 价格调整方法　　D. 经评审的最低投标价法

8. 符合性评审包括的内容有(　　)。

A. 投标人资格　　B. 投标担保

C. 投标报价　　D. 施工工期

三、判断题

1. 开标应在招标文件确定的投标截止时间的同一时间公开进行。(　　)

2. 如果在投标截止时间前递交投标文件的投标人少于3家，则招标无效。(　　)

3. 开标人一般为投标人代表或招标代理机构的工作人员。(　　)

4. 评标委员会成员人数是5人以上的单数。(　　)

5. 综合评估法主要对投标人提出的工程量和投标报价进行评估。(　　)

6. 投标文件中大写金额与小写金额不一致，以小写金额为准。(　　)

7. 评标委员会可以要求投标人以书面形式对投标文件进行澄清、说明、补正，其内容不受限制。(　　)

8. 招标人应当确定排名第一的中标候选人为中标人。(　　)

项目 5

建设工程合同及管理

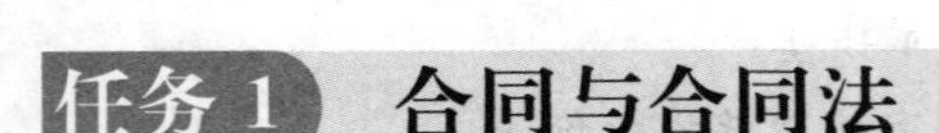

任务 1　合同与合同法

引发问题：

合同及其特征、合同分类；合同法及其法律关系；合同的主要内容。

相关知识

一、合同概述

1. 合同的含义

合同即契约，是指平等主体的自然人、法人、其他组织之间自愿设立、变更、终止民事权利和义务关系的协议。合同是在民事领域仅对缔约双方有约束力的“法”，是在约定范围、领域可执行、可操作的“法”。

2. 合同的法律特征

1)合同是一种民事法律行为。民事法律行为是指民事主体实施的能够设立、变更、终止民事权利和义务关系关系的合法行为。民事法律行为是以意思表示为核心，并且按照意思表示的内容产生法律后果。作为民事法律行为，合同应当是合法的，即只有在合同当事人所做出的意思表示符合法律要求，才能产生法律约束力，受到法律保护；否则，是不受法律保护的。

2)合同是两个以上当事人意思表示一致的结果。合同的成立必须是两个以上当事人相互协商、并达成共识的意思表示。因此，只有当事人在平等自愿的基础上意思表示完全一致时，合同才能成立。

3)合同以设立、变更、终止民事权利义务关系为目的。当事人订立合同都有共同目的，即设立、变更、终止民事权利义务关系。

3. 合同的分类

按照不同的分类标志合同可以分为多种，而涉及建筑工程施工合同的有以下几种。

1)按照合同的表现形式不同，合同可以分为书面合同、口头合同和默示合同。一般正规的合同均为书面合同。《中华人民共和国合同法》(以下简称《合同法》)规定，建设工程合同应当采用书面合同形式。

2)按照给付内容和性质不同，合同可以分为转移财产合同、完成工作合同和提供劳务合同。《合同法》规定的承揽合同、建设工程施工合同均属于完成工作合同。

3)按照当事人双方是否相互负有义务，合同可以分为双务合同和单务合同。单务合同是指仅有一方当事人承担给付义务的合同。《合同法》规定的承揽合同、建设工程施工合同均属于双务合同。

4)按照合同之间的从属关系，合同可以分为主合同和从合同。主合同是指不以其他合同的存在为前提而独立存在和独立发生效力的合同。从合同又称附属合同，是指以其他合同的存在为前提而成立并发生效力的合同，本身不具备独立性。如在建设工程合同中，总包合同是主合同而分包合同为从合同。

主合同和从合同的关系是：主合同无效或者被撤销时，从合同也将失去法律效力；从合同无效或者被撤销一般并不影响主合同的法律效力。

5)按照法律对合同形式是否有特别的要求，合同可以分为要式合同和不要式合同。要式合同是指法律规定合同必须采用特定形式。《合同法》中规定："法律、行政法规规定采用书面形式的，应当采用书面形式。"例如，建设工程施工合同采用书面形式。

二、合同法

1. 合同法的含义及特点

合同法有狭义和广义两层含义，狭义的合同法是指由立法机关指定的，以"合同法"命名的法律，如1999年3月15日通过的《合同法》。广义的合同法是指根据法律的实质内容，调整合同关系的所有法律、法规的总称。这里指的是前者。《合同法》具备以下特点。

1)统一性。《合同法》的颁布与实行，对所有的合同关系用统一的合同法律规则来制约。

2)任意性。《合同法》以调整市场关系为主要内容，而交易习惯则需要尊重当事人的自由选择，因此，《合同法》规范多为任意性规范，即允许当事人对其内容予以变更的法律规范。如当事人可以自由决定是否订立合同，同谁订立合同，订立什么样合同，合同的内容包括哪些，合同是否需要变更或者解除等。

3)强制性。为了维护社会主义市场经济秩序，必须对当事人各方的行为进行规范。

对于某些影响国家、社会、市场秩序和当事人利益的内容，《合同法》则采用强制性规范或禁止性规范。

2. 合同法的基本原则

合同法的基本原则是指当事人在合同签订、履行、解释和争执解决的过程中应当遵守的基本准则也是人民法院、仲裁机构在审理、仲裁合同纠纷时应当遵守的原则。合同法关于合同订立、合同效力、合同履行及违约责任等内容，都是根据这些基本原则规定的。合同法的基本原则如下。

1)平等原则。平等是指在合同法律关系中，当事人的法律地位是平等的，任何一方都有权独立做出决定，一方不得将自己的意愿强加给另一方。

2)合同自由原则。合同自由包括缔结合同自由、选择合同当事人自由、确定合同内容自由、选择合同形式自由及变更和解除合同自由。

3)公平原则。在合同订立和履行过程中，《合同法》公平、合理地调整合同当事人之间的权利义务关系。

4)诚实信用原则。在合同订立和履行过程中，合同当事人应当诚实守信，以善意的方式履行其义务，不得滥用权力及规避法律或合同规定的义务。

5)合同的法律原则。在合同订立和履行过程应当遵守法律、行政法规及尊重社会公共道德规范。如建设工程施工合同应当遵守《中华人民共和国建筑法》、《合同法》、《招标投标法》及其他法律规章制度。

6)严格遵守合同原则。依法订立的合同在当事人之间具有相当一定的法律效力，当事人必须严格遵守，不得擅自变更和解除合同，不得随意违反合同规定。

三、合同法律关系

合同法律关系是指当事人之间在合同中形成的权利义务关系，又称合同关系。合同法律关系由主体、客体及内容三个基本要素构成。

1. 合同法律关系的主体

合同法律关系的主体是指在合同关系中，享有权利或者承担义务的人，又称合同当事人。合同法律关系的主体包括自然人、法人和其他组织，《合同法》对不同的主体的民事权利能力和民事行为能力进行了一定的限制，如《合同法》中对建设工程施工合同的主体资格进行了规定。

2. 合同法律关系的客体

合同法律关系的客体是指在合同关系中，合同法律关系的主体的权利义务所指的对象，又称合同的标的。通常，合同标的即客体有3种，即行为、物及智力成果。而与建筑施工企业相关的客体是行为。

行为是指合同法律关系主体为达到一定目的而进行的活动，如完成一定的工作任务和提供一定劳务的行为。如建设工程监理、建筑工程施工就是完成一定工作和提供一定的劳务。

3. 合同法律关系的内容

合同法律关系的内容指债权人的权利和债务人的义务，即合同债权和合同债务。

合同债权又称合同权利，是债权人依据法律规定和合同约定而享有的要求债务人给付一定行为、物等权利；合同债务又称合同义务，是指债务人依据法律规定和合同约定向债权人履行一定行为、给付一定的物等义务。

四、合同的主要条款

1. 当事人名称(或姓名)和场所

指法人和其他组织的名称和机构所在地(自然人的姓名及住所)。合同中的当事人名称(或姓名)是确定合同当事人的标志，场所是为了确定合同债务履行地、法院对案件的管辖地。

2. 标的

标的是指合同法律关系的客体，合同中应当标明标的的名称，使其特定化，以确定合同主体权利义务的范围。

3. 数量

合同标的的数量是衡量合同当事人权利义务大小、程度的尺度。因此，合同标的的数量一定要确切，同时必须采用国家标准或者行业标准中规定的计量方法和计量单位。

4. 质量

合同标的的质量是指检验标的内在素质和外观形态优劣的标准。合同标的标准应当采用国家标准或行业标准。

5. 价款和报酬

价款和报酬是指在合同中取得利益的一方当事人，作为取得利益代价而向对方支付的价款和报酬。价款是取得有形标的物应支付的代价，报酬是提供劳务应获得的回报。

6. 履行的期限、地点和方式

履行的期限是指合同当事人履行合同和接受履行的时间。履行时间是合同义务完成时间，也是确定是否违约的因素之一。

履行地点是指合同当事人履行合同和接受履行的地点。履行地点是确定交付和验收标的的地点依据。

履行方式是指合同当事人履行合同和接受履行的方式，包括实施行为方式、验收方式、付款方式、结算方式等。

7. 违约责任

违约责任是指当事人不履行合同义务或者履行合同义务不符合约定应当承担的民事责任。违约责任是促使合同当事人履行义务，保护对方权益免受或者少受损失的有效方式。

8. 争议解决方式

争议解决方式是指合同当事人解决合同纠纷的手段。通常解决争议的方式有协商、仲裁及诉讼，在合同中应予以明确。

任务 2 建设工程施工合同

引发问题：

建设工程合同的特征、建设工程合同的内容。

相关知识

一、建设工程施工合同概述

1. 建设工程施工合同的概念

《合同法》规定："建设工程合同是承包人进行工程建设，发包人支付价款的合同。"任何一项工程建设需要经过勘察、设计、施工等环节才能最终完成，这里主要阐述"施工"。建设工程施工合同是指建设单位(业主、发包商、投资责任方)与建筑安装企业(承包方、承包商)依据国家规定的基本建设程序和有关合同法规，以完成建设工程为内容，明确双方权利与义务关系而签订的书面协议。

2. 建设工程施工合同的特征

1)合同的主体有特定要求。建设工程施工合同的发包人必须是具备法人资格的单位或其他组织；承包人必须具备建设工程施工要求的相应资质条件。

2)合同的客体具有特殊性。建设工程合同的客体为拟建工程项目，工程项目具有固定性、投资大、建设周期长、差异性大等特性。

3)合同内容多样性和复杂性。由于承包方式不同、业务不同则合同主体不同，合同规定的内容也不同，如图 5.1 所示。

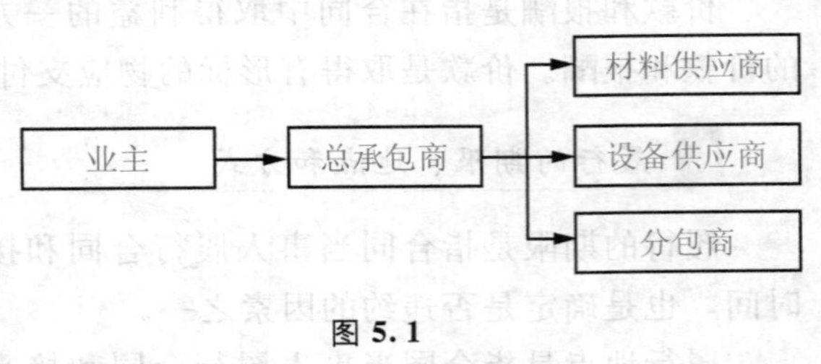

图 5.1

4)合同直接或间接地受到国家基本建设政策和国家指令计划的制约。

5)合同订立与履行必须接受国家、地方建设行政主管部门监督和管理。

在工程项目招标投标中，必须符合规定招标条件和资质条件；在工程项目施工中，施工质量必须符合国家、地方规定的质量标准，并接受地方质量监督部门的检查、监督。

二、《建设工程施工合同(示范文本)》的主要内容

《建设工程施工合同(示范文本)》于1999年12月24日修订颁布，以下简称《施工合同》。该文本适用于建设工程，包括各类公用建筑、民用住宅、工业用房、交通设施及线路、管道的施工和设备安装。

1. 合同文件及解释顺序

施工合同文件应能互相解释、互为说明。除专用条款另有约定外，组成施工合同的文件和优先解释顺序如下。

1)双方签署的合同协议书。

2)中标通知书。

3)投标书及其附件。

4)本合同专用合同条款。合同专用条款是发包人与承包人根据法律、行政法规规定，结合具体工程实际，经协商达成一致意见的条款，是对通用条款的具体化、补充或修改。

5)合同通用条款。合同通用条款是根据法律、行政法规规定及建设工程施工的需要订立的，通用于建设工程施工条款。

6)工程所适用的标准、规范及有关技术文件。在专用合同条款中要约定适用国家、行业或地方标准、规范的名称。

7)图纸。指由发包人提供或由承包人提供并经发包人批准，满足承包人施工需要的所有图纸(包括配套说明和有关资料)。发包人应在专用合同条款约定的日期和套数，向承包人提供图纸。

8)工程量清单。

2. 双方的权利和义务

合同中对发包人、承包人、项目经理、工程师的权利及其义务进行阐述，具体内容见《施工合同》中第2条发包人、第4条第1款中承包人义务和第4条第5款项目经理等相关内容。

3. 施工合同进度控制条款

进度控制条款是为了促使合同当事人在合同规定的工期内完成施工任务，发包人按时做好准备工作，承包人按照施工进度计划组织施工。

进度控制条款分为施工准备、工程施工和竣工验收3个阶段的控制条款，具体见《施工合同》中第10条进度计划、第11条开工和竣工、第12条暂停施工等内容。

4. 施工合同质量控制条款

工程施工中的质量控制条款是施工合同的重要内容，要求承包人应按照合同约定的标准、规范、图纸、质量等级及工程师发布的指令进行施工，使工程项目达到合同约定的质量标准。

质量控制条款分为工程验收、材料设备供应、质量保修3个方面，具体内容见第13条工程质量、第14条试验和检验等内容。

5. 施工合同有关调整、变更等条款

1)施工合同价款及调整。施工合同价款是指发包人、承包人在协议书中约定，当承包人按照合同约定完成承包范围内全部工程施工任务后(包括工程质量的保修)，由发包人支付给承包人的价款。

2)工程预付款。预付款是在工程开工前，由发包人按照协议约定预先支付给承包人的款项，通常有预付工程款和预付备料款。

3)工程款的支付。

4)工程施工中其他费用的处理。

5)变更价款的确定。

6)竣工结算。

以上的具体内容见《施工合同》第15条变更、第16条价格调整、第17条计量与支付、第18条竣工验收、第19条缺陷责任中的相关内容。

6. 施工合同中的监督管理

施工合同中的监督管理是指各级建设行政主管部门、工商行政管理部门、金融机构对工程发包人、承包人、监理人的施工合同关系依据法律、行政法规、规章制度，采取法律的、行政的手段，进行组织、指协调及监督，保护合同当事人的合法权益，保证市场经济秩序健康发展。

(1)保险、不可抗力和担保的管理

1)保险。目前我国对工程保险(主要是工程施工过程中的保险)没有强制性规定，但随着随着项目法人责任制的推行，工程项目参加保险的情况会越来越多。具体内容见《施工合同》第20条保险的相关内容。

2)不可抗力。不可抗力是指合同当事人不能预见、不能避免并不能克服的客观情况。建设工程施工中的不可抗力包括战争、动乱、空中飞行物体坠落或其他非发包人、承包人责任造成的爆炸、火灾，以及专用条款约定的风、雨、雪、地震、洪水等对工程造成损害的自然灾害。

不可抗力事件发生后双方的工作及各自承担的责任，具体内容见《施工合同》第21条不可抗力的相关内容。

3)担保。为了维护建筑市场秩序，规范、制约合同双方行为，双方当事人必须提供

必要的担保。具体内容见《施工合同》第 4 条第 2 款担保的相关内容。

(2)工程分包

工程分包是指经合同约定和发包人认可，从工程承包人承担的工程中承担部分工程的行为。具体内容见《施工合同》第 4 条第 3 款工程分包的相关内容。

(3)违约责任

《施工合同》中对发包人、承包人等责任人的违约责任进行规定，具体内容见《施工合同》第 22 条违约的相关内容。

(4)索赔

具体内容见《施工合同》第 23 条索赔的相关内容。

(5)争议解决

具体内容见《施工合同》第 24 条争议解决的相关内容。

任务3 建设工程合同风险管理

引发问题：

建设工程合同风险及其类型；进行风险管理的方法。

相关知识

一、工程项目风险及其类型

风险是指一种客观存在的、损失的发生具有不确定性的一种状态。

工程项目风险是指工程项目在建设中发生的使工程项目不能顺利进行、遭受损失等的可能性。这些风险主要表现在如下方面。

1. 建筑风险

建筑风险主要指工程建设中由于人为或自然等原因，影响工程项目顺利完工的风险。具体是指对工程项目的成本、工期、质量造成不利影响的风险。如工程损毁、施工人员伤亡、自然灾害等。

2. 市场风险

市场风险是由建筑市场运行不够规范，对发包人和承包人行为制约缺乏力度等而带来的风险，如承包商无法及时获得工程款的风险等。

3. 信用风险

信用风险是由于建筑市场体制不健全导致的一种风险。如发包商能否按约及时支付工程款；承包商是否按约履行职责，保证工程质量、保证工期等。

4. 环境风险

工程项目是在特定的环境下进行的，工程所在地的地理位置、气候、地质、水文等对工程施工起着至关重要的作用。如运输不畅增加等。

二、工程合同风险及其类型

工程合同风险是指合同中的以及履行合同时引起的风险。工程合同签订与履行方面的风险主要有以下几种。

1. 合同条款问题

(1)工程合同条款不全面、不完善

如果合同条款没有规定发包方不按期支付工程款、承包方工期延误被罚具体内容；如果合同条款没有将合同双方权利与义务表述清楚，没有预计到合同实施过程中可能发生的各种情况，这样，都会导致合同履行中的争议。

(2)合同文字表述不细致、不严密

合同中的“均不得”“均由谁负责”“另行协商解决”等很笼统，不能解决执行中的复杂问题。

(3)合同存在单方面约束条款

许多合同存在单方面约束承包方，如“承包方不负任何责任”“在什么情况下，一切责任由承包方负责”等条款。

2. 合同中缺少因第三方影响造成工期延误或经济损失的条款

工程合同当事人在订立合同时，往往只注意由于对方原因造成工期延误或者经济损失的补救办法，而忽视了合同双方当事人以外的第三方造成工期延误或者经济损失的补救办法。在合同履行时一旦出现第三方原因造成的一方或者双方损失时，合同双方就会发生争议。

3. 发包方资信带来的风险

由于发包方的经济状况发生变化或者没有信誉而引起工程款不到位或拖欠，使合同履行受阻。

4. 选择分包不当带来的风险

承包方由于选择分包不当可能会导致工期延误、工程存在质量问题等，都会使承包方蒙受经济损失。

5. 施工团队工作不力带来的风险

合同履行中，承包方的项目经理、技术负责人、预算人员等工作效率低、施工技术不精湛，既影响工期还会带来经济损失。

三、合同风险管理

1. 风险控制

风险控制分事前控制和事中控制。事前控制就是在合同履行前的控制，这主要是在签订合同中进行；事中控制就是合同履行中的控制。

(1)事前控制

在签订合同前，仔细领会合同内容，和对方进行沟通，尽量使合同条款内容全面、具体、平等；避免用词含糊不清、模棱两可的合同条款。

(2)事中控制

在合同履行前，把履行中可能出现的问题、引起争议的因素考虑清楚，并提出相应的对策；一旦合同履行中遇到类似问题，就会降低风险。

2. 风险转移

风险转移有相互转移和向第三方转移。相互转移是通过索赔；向第三方转移是通过担保和保险。

任务4 建设工程施工合同变更管理

引发问题：

针对合同变更如何进行管理？

相关知识

一、建设工程合同的变更及其类型

建设工程合同变更是指合同成立以后，履行完毕以前由双方当事人依法对原合同约定的条款(权利和义务、技术和商务条款等)所进行的修改、补充。工程施工合同变更通常在工程施工中，根据合同的约定，对施工程序、施工数量、质量要求及标准等作出的变更。在工程施工中出现下列情形之一时，需变更合同。

1)取消合同中任何一项工作，但被取消的工作，不能转由发包人或其他人实施。

2)改变合同中任何一项工作的质量或其他特性。

3)改变合同工程的基线、标高、位置或尺寸。

4)改变合同中任何一项工作时间或改变已批准的施工工艺或顺序。

5)为完成工程需要追加的额外工作。

二、工程变更管理

1. 对工程变更条款的合同分析

对工程变更条款的合同分析从以下几个方面入手。

1)工程变更不能超过合同规定的工程范围，如果超过这个范围，承包人有权不执行变更或坚持先商定价格后再进行变更。

2)业主和监理的认可权必须限制，业主常常通过监理对材料、施工工艺等的认可权而提高相应的质量标准。如果合同条款规定比较含糊，则容易产生争议。承包商应当对超过合同规定和标准的认可权限制或争取业主、监理确认。

3)与业主、总(分)包之间的书面信件、报告、指令等都应将合同管理人员进行技术和法律方面的审查，这样才能保证任何变更都在控制之中。

2. 督促监理人员尽快作出变更指令

变更指令作出的程序多、时间长都可能给承包商造成损失。比如，需要立刻停工，而变更指令不能尽快作出，现场则继续施工，造成返工损失就大。

3. 分析、识别监理人员作出的变更指令

对已经接到的变更指令，尤其对重大的变更指令或在图纸上作出的修改意见，应分析、核实。对超出监理人员范围的变更，监理人员必须出具业主的书面批准文件；对涉及双方责权利关系的重大变更，必须有业主的书面指令、认可或双方签订的变更协议。

4. 迅速、全面落实变更指令

工程变更指令作出后，应全面修改相关文件，如相关图纸、规范、施工计划等；将变更指令尽快在相关工程小组或分包工作中落实，根据新的要求，提出相应的措施。

5. 分析、预计工程变更的影响

工程合同变更是索赔的机会，承包方应在合同规定的索赔有效期内完成索赔处理。应对工程变更过程涉及的文件进行记录、收集与整理，如图纸、计划、技术说明、规范以及业主或监理的变更指令，以作为进一步分析的依据和索赔的证据。

任务5　建设工程合同担保管理

引发问题：

建设工程合同履行中的担保形式。

相关知识

一、工程合同中常用的担保形式

合同担保是保证担保的一种，它要求保证人有很高的信誉度。工程建设过程中的保证人提出银行或者有较高信誉度的担保公司。工程建设过程中的保证形式通常采用书面形式，由银行出具的保证称为保函，把其他保证人出具的书面保证称为保证书。

工程建设过程中的保证有以下几种。

1. 工程招标、投标过程中的担保——投标担保

投标担保是指担保人为投标人向招标人提供的，保证投标人按照招标文件的规定参加招标活动的担保。投标担保是对投标行为的担保，即保证投标人的要约不能够撤回。

投标担保在投标时提供，担保方式可以由投标人提供一定数额的保证金；也可以提供第三人的信用担保(保证)，一般由银行或者担保公司向招标人出具投标保函或者投标保证书。投标担保的金额一般不超过投标总价的2%，最高不超过万元。

出现下列情况，可以没收投标保证金或要求担保的银行或担保公司支付投标保证金。

1)投标人在投标有效期内撤回投标书。

2)投标人在业主已正式通知他的投标已被中标后，在投标有效期内未能或拒绝按“投标人须知”规定，签订合同协议或递交履约保函。

针对下列两种情况，投标保函或者保证书在评标结束后应予以退还。

1)未中标的投标人。

2)中标的投标人在签订合同时，向业主提交履约担保。

2. 工程施工过程中的担保——承包人的履约担保、业主的工程款支付担保

(1)承包人的履约担保

承包人的履约担保是指由保证人为承包人向业主提供的，保证承包人履行建设工程施工合同约定义务的担保。《招标投标法》规定：“招标文件要求中标人提交履约保证金的，中标人应当提供。”在工程项目施工招标中，履约担保可以是提交一定数额的履约保证金，也可以提供由第三方出具的担保，通常是由银行或者担保公司出具的保函或者保证书。

履约保函或者保证书担保的金额一般不得低于合同总价(中标价格)的10%；如果是采用经评审的最低投标价中标的招标工程，担保金额不得低于合同价款的15%。

履约担保主要是用来担保投标人中标后，在工程施工过程中，按照合同约定的期限、

质量要求履行其义务。履约担保的有效期限是从提交履约保证起，到工程项目竣工并验收合格止。出现下列情况，业主有权凭履约保证向银行或担保公司索取保证金作为赔偿。

1)施工过程中，承包人中途毁约、任意中断过程、不按规定施工。

2)工期拖延。

3)施工质量不符合合同约定又拒绝采取补救措施的。

(2)业主的工程款支付担保

业主工程款支付担保，是指保证业主履行工程施工合同约定的工程款支付业务，由担保人为业主向承包人提供的，保证业主支付工程款的担保。

业主工程款支付担保一般采用银行保函或者保证书形式，其担保金额和履约担保金额相等；其担保的有效期限是从工程开工之日起，到合同约定的最后一笔工程款付清之日止(扣除保修金)。

(3)工程竣工后的担保——保修担保

保修担保，是指工程竣工后，承包商对合同约定的工程保修期内工程予以保修义务的担保。目的是督促承包商对竣工后的工程出现质量问题时，能及时履行保修义务。

保修担保是承包人向业主提供的，通常由业主从工程款中扣除。保修担保的有效期限是从工程交付使用的次日起，终止日根据工程的类别不同、同一工程的部位不同而有所不同，保修期限最长的是地基基础工程和主体结构工程。

二、工程担保合同管理的内容

工程担保合同签订涉及一定的经济利益，无论是债权人、债务人还是担保人，都须谨慎签订、按约履行。在签订担保合同时，应着重研究分析担保的相关内容。

1. 担保责任范围

担保合同对担保范围都有明确的规定，如“投标担保”就是对投标人的投标行为进行担保；“履约担保”就是对承包商中标后按照合同约定工期、质量要求施工的担保。只有责任范围明确，才能在问题或事故出现时，才能按照约定赔偿。

2. 担保有效期

保函或者保证书都是在一定的期限内有效，作为工程担保合同的任何一方当事人必须明确担保的有效期，尽量在有效期内作为或不作为，将经济损失降到最低。

3. 索赔的前提条件

承包商应对合同履行中出现的影响工程进度、工程质量因素及处理方式进行记录，并及时与业主沟通，以防业主因此向银行或者担保公司提出索赔。

巩固与提高

一、单项选择题

1. 建设工程合同应当采用(　　)形式。

A. 书面　　B. 口头　　C. 默示　　D. 没有规定

2. 按照给付内容和性质不同，建设工程合同属于(　　)合同。

A. 采购　　B. 转移财产　　C. 完成工作　　D. 提供劳务

3. 按照法律对合同形式是否有特别要求，建设工程合同为(　　)合同。

A. 要式　　B. 不要式　　C. 口头　　D. 默示

4. 建设工程合同的客体为(　　)。

A. 行为　　B. 物　　C. 智力成果　　D. 行为与物

5. 自然灾害属于建设工程项目的(　　)风险。

A. 建筑　　B. 市场　　C. 信用　　D. 环境

6. 不属于建设工程风险转移的是(　　)。

A. 索赔　　B. 担保　　C. 保险　　D. 诉讼

二、多项选择题

1. 合同法具备的特点有(　　)。

A. 统一性　　B. 任意性　　C. 强制性　　D. 合法性

2. 合同法的基本原则有(　　)等。

A. 公开　　B. 公平　　C. 平等　　D. 诚实信用

3. 建设合同特点包括(　　)等内容。

A. 合同主体有特定要求　　B. 合同内容多样性

C. 合同客体不受限制　　D. 合同受国家政策制约

4. 建设工程项目风险主要包括(　　)。

A. 建筑风险　　B. 市场风险　　C. 信用风险　　D. 环境风险

5. 建设工程合同风险主要包括(　　)等内容。

A. 工程合同条款方面风险　　B. 监理不当带来的风险

C. 发包方资信带来的风险　　D. 选择分包不当带来的风险

6. 出现下列情况(　　)时，业主有权凭履约保证向银行或担保公司索取保证金作为赔偿。

A. 承包人中途毁约　　B. 不按规定施工

C. 承包人资金不到位　　D. 工期延误

三、判断题

1. 建设工程合同是承包人进行工程建设，发包人支付价款的合同。　　(　　)

2. 施工合同的解释顺序首先是中标通知书。　　(　　)

3. 合同文字表述不全面、不完善是合同条款风险。　　(　　)

4. 为完成工程需要追加的额外工作，属于工程合同变更。　　(　　)

5. 工程招标投标过程中的担保称为投标担保。　　(　　)

6. 履约担保的有效期是从提交投标文件时起到签订合同时止。　　(　　)

附录 A

《标准工程施工招标文件(2007 年版)》

《标准工程施工招标文件(2007 年版)》包括四卷八章。

第一卷

第一章　招标公告或投标邀请书(略)

第二章　投标人须知

第三章　评标办法

第四章　合同条款与格式

第五章　工程量清单

第二卷

第六章　图纸(略)

第三卷

技术标准和要求(略)

第七章

第四卷

第八章　投标文件格式(见第四章)

第一章　招标公告或投标邀请书(略)

第二章　投标人须知

(一)投标申请人须知前附表

条款号	条款名称	编列内容
1.1.2	投标人	名称： 地址： 联系人： 电话：

(续表)

条款号	条款名称	编列内容
1.1.3	招标代理机构	名称： 地址： 联系人： 电话：
1.1.4	项目名称	
1.1.5	建设地点	
1.2.1	资金来源	
1.2.2	出资比例	
1.2.3	资金落实情况	
1.3.2	计划工期	计划工期：　　日历天 计划开工日期：　　年　月　日 计划竣工日期：　　年　月　日
1.4.1	投标人资质条件、能力和信誉	资质条件： 财务要求： 业绩要求： 信誉要求： 项目经理(建造师，下同)资格 其他要求：
1.4.2	是否接受联合体投标	□不接受 □接受，应满足下列条件：
1.9.1	踏勘现场	□不组织 □组织，踏勘时间： 集中地点：
1.10.1	投标预备会	□不召开 □召开，召开时间： 召开地点：
1.10.2	投标人提出问题的截止时间	
1.10.3	招标人书面澄清时间	
1.11	分包	□不允许 □允许，分包内容要求： 分包内容要求： 接受分包的第三人资质要求：

（续表）

条款号	条款名称	编列内容
1.12	偏离	□不允许 □允许
2.1	构成招标文件的其他材料	
2.2.1	投标人要求澄清招标文件的截止时间	
2.2.2	投标截止时间	____年____月____日____时____分
2.2.3	投标人确认收到招标文件澄清时间	
2.3.2	投标人确认收到招标文件修改时间	
3.1.1	构成投标文件的其他材料	
3.3.1	投标有效期	
3.4.1	投标保证金	投标保证金形式： 投标保证金金额：
3.5.2	近年财务状况的年份要求	________年
3.5.3	近年完成类似项目的年份要求	________年
3.5.4	近年发生的诉讼及仲裁情况的年份要求	________年
3.6	是否允许递交备选投标方案	□不允许 □允许
3.7.3	签字或盖章要求	
3.7.4	投标文件副本要求	________份
4.1.2	封套上写明	招标人的地址： 招标人的名称： （项目名称）______标段投标文件 在____年____月____日____时____分前不得开启
4.2.2	递交投标文件地点	

(续表)

条款号	条款名称	编列内容
4.2.3	是否退还投标文件	□否 □是
5.1	开标时间和地点	开标时间：同投标截止时间 开标地点：
5.2	开标程序	密封情况检查： 开标顺序：
6.1.1	评标委员会组建	评标委员会构成：______人，其中招标人代表______人，专家______人； 评标专家确定方式：
7.1	是否授权评标委员会确定中标人	□是 □否，推荐的招标候选人数：
7.3.1	履约担保	履约担保的形式： 履约担保的金额：
……		
10	需要补充的其他内容	
……	……	

1. 总　则

1.1 工程概况

1.1.1 根据《中华人民共和国招标投标法》等法律、法规和规章的规定，本招标项目已具备招标条件，现对本标段施工进行招标。

1.1.2 本招标项目招标人：见投标人须知前附表。

1.1.3 本标段招标代理机构：见投标人须知前附表。

1.1.4 本招标项目名称：见投标人须知前附表。

1.1.5 本标段建设地点：见投标人须知前附表。

1.2 资金来源和落实情况

1.2.1 本招标项目资金来源：见投标人须知前附表。

1.2.2 本招标项目出资比例：见投标人须知前附表。

1.2.3 本招标项目资金落实情况：见投标人须知前附表。

1.3 招标范围、计划工期和质量要求

1.3.1 本次招标范围：见投标人须知前附表。

1.3.2 本标段计划工期：见投标人须知前附表。

1.3.3 本标段的质量要求：见投标人须知前附表。

1.4 投标人资格要求(适用于已进行资格预审的)

投标人应是收到招标人发出投标邀请书的单位

1.4 投标人资格要求(适用于未进行资格预审的)

1.4.1 投标人应具备承担本标段施工的资质条件、能力和信誉。

(1)资质条件：见投标人须知前附表。

(2)财务要求：见投标人须知前附表。

(3)业绩要求：见投标人须知前附表。

(4)信誉要求：见投标人须知前附表。

项目经理资格：见投标人须知前附表。

(5)其他要求：见投标人须知前附表。

1.4.2 投标人须知前附表规定接受联合体投标的，除应符合本章 1.4.1 项和投标人须知前附表的要求外。还应遵守以下规定：

(1)联合体各方应按招标文件提供的格式签订联合体协议，明确联合体牵头人和各方权利和义务。

(2)由同一专业的单位组成的联合体，按照资质等级较低的单位确定资质等级。

(3)联合体各方不得再以自己名义单独或参加其他联合体在同一标段中投标。

1.4.3 投标人不得存在下列情形之一：

(1)为招标人不具有独立法人资格的附属机构(单位)。

(2)为本标段前期准备提供设计或咨询服务的，但设计施工总承包的除外。

(3)为本标段的监理人。

(4)为本标段的代建人。

(5)为本标段提供代理服务的。

(6)与本标段的监理人或代建人或招标代理机构同为一个法定代表人的。

(7)与本标段的监理人或代建人或招标代理机构相互控股或参股的。

(8)与本标段的监理人或代建人或招标代理机构相互任职或工作的。

(9)被责令停业的。

(10)被暂停或取消投标资格的。

(11)财产被接管或冻结的。

(12)在最近三年内有窃取中标或严重违约或重大工程质量问题的。

1.5 费用承担

投标人准备和投标人参加投标活动发生的费用自理。

1.6 保密

参与招标投标活动的各方应对招标文件和投标文件中的商业和技术等秘密保密，违者应对此造成的后果承担法律责任。

1.7 语言文字

除专用术语外，与招标投标有关的语言均使用中文，必要时专用术语应附有中文注释。

1.8 计量单位

所有计量均采用中华人民共和国法定计量单位。

1.9 踏勘现场

1.9.1 投标人须知前附表规定组织踏勘现场的，招标人应按投标人须知前附表规定的时间、地点组织投标人踏勘项目现场。

1.9.2 投标人踏勘现场发生的费用自理。

1.9.3 除招标人的原因外，投标人自行负责踏勘现场中发生的人员伤亡和财产损失。

1.9.4 招标人在踏勘现场中介绍的工程场地和相关的周边环境情况，供投标人在编制投标文件时参考，招标人不对投标人据此作出的判断和决策负责。

1.10 投标预备会

1.10.1 投标人须知前附表规定召开投标预备会的，招标人按投标人须知前附表规定的时间和地点召开投标预备会，澄清投标人提出的问题。

1.10.2 投标人应在投标人须知前附表规定的时间前，以书面形式将提出的问题送达招标人，以便招标人在会议期间澄清。

1.10.3 投标预备会结束后，招标人在投标人须知前附表规定的时间内，将对投标人所提出的问题澄清，以书面形式通知所有购买招标文件的投标人。该澄清内容为招标文件的组成部分。

1.11 分包

投标人拟在中标后将中标项目的部分非主体、非关键性工作进行分包的，应符合投标人须知前附表规定的分包内容、分包金额和接受分包的第三人资质要求等限制性条件。

1.12 偏离

投标人须知前附表允许投标文件偏离招标文件某些要求的，偏离应当符合招标文件规定的偏离范围和幅度。

2. 招标文件

2.1 招标文件的组成

本招标文件包括：

(1)招标公告(或投标邀请书)；

(2)投标人须知；

(3)评标办法；

(4)合同条款及格式；

(5)工程量清单；

(6)图纸；

(7)技术标准和要求；

(8)投标文件格式；

(9)投标人须知前附表规定的其他材料。

根据本章第 1.10 款、第 2.2 款和第 2.3 款对招标文件所作的澄清、修改，构成招标文件的组成部分。

2.2 对招标文件的澄清

2.2.1 投标人应仔细阅读和检查招标文件的全部内容。如发现缺页或附表不全，应及时向招标人提出，以便补齐。如有疑问，应在投标人须知前附表规定的时间前以书面形式(包括信函、电报、传真等可以有形地表现所载内容的形式，下同)，要求招标人对招标文件予以澄清。

2.2.2 招标文件的澄清将在投标人须知前附表规定的投标截止时间15天前以书面形式发给所有购买招标文件的投标人，但不指名澄清问题的来源。如果澄清发出的时间距投标截止时间不足15天，相应延长投标截止时间。

2.2.3 投标人在收到澄清后，应在投标人须知前附表规定的时间内以书面形式通知招标人，确认已收到该澄清。

2.3 招标文件的修改

2.3.1 在投标截止时间15天前，招标人可以书面形式修改招标文件，并通知所有购买招标文件的投标人。如果修改招标文件的设计距投标截止时间不足15天，相应延长投标截止时间。

2.3.2 投标人在收到修改内容后，应在投标人须知前附表规定的时间内以书面形式通知招标人，确认已收到该修改。

3. 投标文件

3.1 投标文件的组成

3.1.1 投标文件应包括下列内容：

(1)投标函及其投标函附录；

(2)法定代表人身份证明或附有法定代表人身份证明的授权委托书；

(3)联合体协议书；

(4)投标保证金；

(5)已标价的工程量清单；

(6)施工组织设计；

(7)项目管理机构；

(8)拟分包项目情况表；

(9)资格审查资料；

(10)投标人须知前附表规定的其他材料。

3.1.2 投标人须知前附表规定不接受联合体投标的，或投标人没组成联合体的，投标文件不包括本章第3.1.1(3)目所指的联合体协议书。

3.2 投标报价

3.2.1 投标人应按第五章“工程量清单”的要求填写相应的表格。

3.2.2 投标人在投标人截止时间前修改投标函中的投标报价，应同时修改第五章“工程量清单”的相应报价。此修改须符合本章第4.3款有关要求。

3.3 投标有效期

3.3.1 在投标人须知前附表规定的投标有效期内，投标人不得要求撤销或修改其投标文件。

3.3.2 出现特殊情况需要延长投标有效期的，招标人以书面形式通知所有投标人延长投标有效期。投标人同意延长的，应相应延长投标保证金的有效期，但不得要求或被允许修改或撤销其投标文件；投标人拒绝延长的，其投标失效，但投标人有权收回其投标保证金。

3.4 投标保证金

3.4.1 投标人在递交投标文件的同时，应按投标人须知前附表规定的金额、担保形式和第八章“投标文件格式”规定的投标保证金格式递交投标保证金，并作为其投标文件的组成部分。联合体投标的，其投标保证金由牵头人递交，并应符合投标人须知前附表的规定。

3.4.2 投标人不按本章第3.4.1项要求递交投标保证金的，其投标文件作废标处理。

3.4.3 招标人与中标人签订合同后5个工作日内，向未中标的投标人和中标人退还投标保证金。

3.4.4 有下列情形之一的，投标保证金将不予退还：

(1)投标人在规定的投标有效期内撤销或修改其投标文件；

(2)中标人在收到中标通知书后，无正当理由拒签合同协议书或未按招标文件规定提交履约担保。

3.5 资格审查资料(适用于进行资格预审的)

投标人在编制投标文件时，应按新情况更新或补充其在申请资格预审时提供的资料，以证实其各项资格条件仍能继续满足资格预审文件的要求，具备承担本标段施工的资质条件、能力和信誉。

3.5 资格审查资料(适用于未进行资格预审的)

3.5.1“投标人基本情况表”应附有投标人营业执照副本及其年检合格的证明材料、资质证书副本和安全生产许可证等材料的复印件。

3.5.2“近年财务状况表”应附有经会计师事务所或审计机构审计的财务会计报表，包括资产负债表、现金流量表、利润表和财务情况说明书的复印件，具体年份要求见投标人须知前附表。

3.5.3“近年完成的类似项目情况表”应附中标通知书和(或)合同协议书、工程接受证书(工程竣工验收证书)的复印件，具体年份要求见投标人须知前附表。

每张表格只填写一个项目，并标明序号。

3.5.4“正在施工和新承接的项目情况表”应附中标通知书和(或)合同协议书、工程接受证书(工程竣工验收证书)的复印件，每张表格只填写一个项目，并标明序号。

3.5.5“近年发生的诉讼及仲裁情况”应说明相关情况，并附法院或仲裁机构作出的判决、裁决等有关法律文书复印件，具体年份要求见投标人须知前附表。

3.5.6 投标人须知前附表规定接受联合体投标的，本章第3.5.1项至第3.5.5项规定的表格和资料应包括联合体各方相关情况。

3.6 备选投标方案

除投标人须知前附表另有规定外，投标人不得递交备选投标方案。允许投标人递交备选投标方案的，只有中标人所递交的备选投标方案方可予以考虑。评标委员会认为中标人的备选投标方案优越于其安装招标文件要求编制的投标方案的，中标人可以接受该备选投标方案。

3.7 投标文件编制

3.7.1 投标文件应按第八章“投标文件格式”进行编写，如有必要，可以增加附页，作为投标文件的组成部分。其中，投标函附录在满足招标文件实质性要求的基础上，可以提出比招标文件要求更有利于招标人的承诺。

3.7.2 投标文件应当对招标文件有关工期、投标有效期、质量要求、建设标准和要求、招标范围等实质性内容作出响应。

3.7.3 投标文件应用不褪色的材料书写和打印，并由投标人的法定代表人或其委托代理人签字或盖单位章。委托代理人签字的，投标文件应附法定代表人签署的授权委托书。投标文件应尽量避免涂改、行间插字或删除。如果出现上述情况，改动之处应加盖单位章或由投标人的法定代表人或其委托代理人签字确认。签字或盖章的具体要求见投标人须知前附表。

3.7.4 投标文件正本一份，副本份数见投标人须知前附表。正本和副本的封面上应清楚的标记“正本”或“副本”字样。当正本和副本不一致时，以正本为准。

3.7.5 投标文件的正本与副本应分别装订成册，并编制目录，具体装订见投标人须知前附表规定。

4. 投标

4.1 投标文件的密封和标记

4.1.1 投标文件的正本与副本应分开包装，加贴封条，并在封套的封口处加盖投标人单位章。

4.1.2 投标文件的封套上应清楚的标记“正本”或“副本”字样，封套上应写明的其他内容见投标人须知前附表。

4.1.3 未按本章第 4.1.1 项或第 4.1.2 项要求密封或加写标记的投标文件，招标人不予受理。

4.2 投标文件的递交

4.2.1 投标人应在本章第 2.2.2 项规定的投标截止时间前递交投标文件。

4.2.2 投标人递交投标文件的地点：见投标人须知前附表。

4.2.3 除投标人须知前附表另有规定的外，投标人所递交投标文件不予退还。

4.2.4 招标人收到投标文件后，向投标人出具签收凭证。

4.2.5 逾期送达的或者未送达到指定地点的投标文件，招标人不予受理。

4.3 投标文件的修改或撤回

4.3.1 在本章第 2.2.2 项规定的投标截止时间前，投标人可以修改或撤回已递交的投标文件，但应以书面形式通知招标人。

4.3.2 投标人修改或撤回已递交的投标文件的书面通知应按本章第 3.7.3 项的要求签字或盖章，招标人收到书面通知后，向投标人出具签收凭证。

4.3.3 修改的内容为投标文件的组成部分。修改的投标文件应按本章第 3 条、第 4 条规定进行编制、密封、标记和递交，并标明“修改”字样。

5. 开标

5.1 开标时间和地点

招标人在本章第2.2.2项规定的投标截止时间(开标时间)和投标人须知前附表规定的地点公开开标，并邀请所有投标人的法定代表人或其委托代理人准时参加。

5.2 开标程序

主持人按下列程序进行开标：

(1)宣布开标纪律。

(2)公布在投标截止时间前递交投标文件的投标人名称，并点名确认投标人是否派人到场。

(3)宣布开标人、唱标人、记录人、监标人等有关人员姓名。

(4)按照投标人须知前附表规定检查投标文件的密封情况。

(5)按照投标人须知前附表规定确定并宣布投标文件的开标顺序。

(6)设有标底的，公布标底。

(7)按照宣布的开标顺序当众开标，公布投标人名称、标段名称、投标保证金的递交情况、投标报价、质量目标、工期及其他内容，并记录在案。

(8)投标人代表、招标人代表、监标人、记录人等有关人员在开标记录上签字确认。

(9)开标结束。

6. 评标

6.1 评标委员会

6.1.1 评标由招标人依法组建的评标委员会负责。评标委员会由招标人或其委托的招标代理机构熟悉相关业务的代表，以及有关技术、经济等方面的专家组成。评标委员会成员人数以及技术、经济等方面的专家的确定方式见投标人须知前附表。

6.1.2 评标委员会成员有下列情形之一的，应当回避：

(1)招标人或投标人的主要负责人的近亲属。

(2)项目主管部门或者行政监督部门的人员。

(3)与投标人有经济利益关系、可能影响对投标公正评审的。

(4)曾因在招标、评标以及其他与招标投标有关活动中从事违法行为而受过行政处罚或刑事处罚的。

6.2 评标原则

评标活动遵循公平、公正、科学和择优的原则。

6.3 评标

评标委员会按照第三章“评标办法”规定的方法、评审因素、标准和程序对投标文件进行评审。第三章“评标办法”没有规定的方法、评审因素和标准，不作为评审依据。

7. 合同授予

7.1 定标的方式

除投标人须知前附表规定评标委员会直接确定中标人外，中标人依据评标委会推荐的中标候选人确定中标人，评标委员会推荐的中标候选人的人数见投标人须知前附表。

7.2 中标通知

在本章第 3.3 款规定的投标有效期内，招标人以书面形式向中标人发出中标通知书，同时，将中标结果通知未中标的投标人。

7.3 履约担保

7.3.1 在签订合同前，中标人应按投标人须知前附表规定的金额、担保形式和招标文件第四章"合同条款及格式"规定的履约担保格式向招标人提交履约担保。联合体中标的，其履约担保由牵头人递交，并应符合投标人须知前附表规定的金额、担保形式和招标文件第四章"合同条款及格式"规定的履约担保格式要求。

7.3.2 中标人不按本章第 7.3.1 项要求提交履约担保的，视为放弃中标，其投标保证金不予退还，给招标人造成的损失超过投标保证金数额的，中标人还应当对超过部分予以赔偿。

7.4 签订合同

7.4.1 招标人和中标人应当自中标通知书发出之日起 30 天内，根据招标文件和中标人的投标文件订立书面合同。中标人无正当理由拒签合同的，招标人取消其中标资格，其投标保证金不予退还；给招标人造成的损失超过投标保证金数额的，中标人还应当对超过部分予以赔偿。

7.4.2 发出中标通知书后，招标人无正当理由拒签合同的，招标人向中标人退还投标保证金；给中标人造成损失的，还应当赔偿损失。

8. 重新招标和不再招标

8.1 重新招标

有下列情形之一的，招标人将重新招标：

(1)投标截止时间止，投标人少于 3 个的；

(2)将评标委员会评审后否决所有投标的。

8.2 不再招标

重新招标后投标人仍少于 3 个或者所有投标被否决的，属于必须审批或核准的工程建设项目，经原审批或核准的部门批准后不再进行招标。

9. 纪律和监督

9.1 对招标人的纪律要求

招标人不得泄露招标投标活动中应当保密的情况和资料，不得与投标人串通损害国家利益、社会公共利益或者他人合法权益。

9.2 对投标人的纪律

投标人不得相互串通或者与招标人串通投标，不得向招标人或评标委员会成员行贿谋取中标，不得以他人的名义投标或者以其他方式弄虚作假骗取中标；投标人不得以任何方式干扰、影响评标工作。

9.3 对评标委员会成员的纪律要求

评标委员会成员不得收受他人财物或其他好处，不得向他人透露对投标文件的评审和比较、中标候选人的推荐情况以及评标有关的其他情况。在评标活动中，评标委员会成员不得擅离职守，影响评标程序正常进行，不得使用第三章“评标办法”没有规定的评审因素和标准进行评标。

9.4 对与评标活动有关的工作人员的纪律要求

与评标活动有关的工作人员得收受他人财物或其他好处，不得向他人透露对投标文件的评审和比较、中标候选人的推荐情况以及评标有关的其他情况。在评标活动中，与评标活动有关的工作人员得擅离职守，影响评标程序正常进行。

9.5 投诉

投标人和其他利害关系人认为本次招标活动违犯法律、法规和规章制度的，有权向有关行政监督部门投诉。

10. 需要补充的其他内容

需要补充的其他内容：见投标人须知前附表。

附：问题澄清通知。

问题澄清通知

编号：

______________(投标人名称)：

______________(项目名称)________标段施工招标的评标委员会，对你方的投标文件进行了仔细的审查，现需你方对下列问题以书面形式予以澄清：

1.

2.

…

请将上述问题的澄清于_____年____月____日____时前递交_______(详细地址)或传真______________(传真号码)。采用传真方式的，应在______年____月____日____时前将原件递交至______________________(详细地址)。

评标工作组负责人：______(签字)

______年____月____日

第三章　评标办法(经评审的最低投标价法)

评标办法前附表

条款号		评审因素	评审标准
2.1.1	形式评审标准	投标人名称	与营业执照、资质证书、安全生产许可证一致
		投标函签字盖章	有法定代表人或其授权委托代理人签字或加盖单位章
		投标文件格式	符合第八章“投标文件格式”
		联合体投标	提交联合体协议、并明确联合体牵头人(如有)
		报价唯一	只能有一个有效报价
		……	……

（续表）

条款号		评审因素	评审标准
2.1.2	资格评审标准	营业执照	具备有效的营业执照
		安全生产许可证	具备有效的安全生产许可证
		资质等级	符合第二章“投标人须知”第1.4.1项规定
		财务状况	符合第二章“投标人须知”第1.4.1项规定
		类似项目业绩	符合第二章“投标人须知”第1.4.1项规定
		信誉	符合第二章“投标人须知”第1.4.1项规定
		项目经理	符合第二章“投标人须知”第1.4.1项规定
		其他要求	符合第二章“投标人须知”第1.4.1项规定
		联合体投标人	符合第二章“投标人须知”第1.4.2项规定
		……	
2.1.3	响应性评审标准	投标内容	符合第二章“投标人须知”第1.3.1项规定
		工期	符合第二章“投标人须知”第1.3.2项规定
		工程质量	符合第二章“投标人须知”第1.3.3项规定
		投标有效期	符合第二章“投标人须知”第3.3.1项规定
		投标保证金	符合第二章“投标人须知”第3.4.1项规定
		权利义务	符合第四章“合同条款与格式”规定
		已标价工程量清单	符合第五章“工程量清单”的范围、数量……
		技术标准和要求	符合第七章“技术标准和要求”规定
		……	……
2.1.4	施工组织设计和项目管理机构评审标准	施工方案与技术措施	……
		质量管理体系与措施	……
		安全管理体系与措施	……
		环境保护管理体系与措施	……
		工程进度计划与措施	……
		资源配备计划	……
		技术负责人	……
		其他主要人员	……
		施工设备	……
		试验、检测仪器设备	……
		……	……
……			
条款号		量化因素	量化标准
2.2	详细评审标准	单价遗漏	……
		付款条件	……
		……	……

1. 评标方法

本次评标采用经评审的最低投标价法，评标委员会对满足招标文件实质性要的投标文件，根据本章第 2.2 款规定的量化标准进行价格折算，按照经评审的投标价由低到高的顺序推荐中标候选人，或根据招标人授权直接决定中标人，但投标报价低于其成本的除外。经评审的投标价相等时，投标报价低的优先。

2. 评审标准

2.1 初步评审标准

2.1.1 形式评审标准：见评标办法前附表。

2.1.2 资格评审标准：见评标办法前附表(适用于未进行资格预审的)；如果已经进行资格预审的，见资格预审文件第三章"资格审查办法"详细审查标准。

2.1.3 响应性评审标准：见评标办法前附表。

2.1.4 施工组织设计和项目管理机构评审标准：见评标办法前附表。

2.2 详细评标标准

详细评标标准：见评标办法前附表。

3. 评标程序

3.1 初步评标

3.1.1 评标委员会可以要求投标人提交第二章"投标人须知"第 3.5.1 项至第 3.5.5 项规定的有关证明和证件的原件，以便核验。评标委员会依据本章第 2.1

款规定的标准对投标文件进行初步评审。有一项不符合评审标准的，作废标处理(适合未进行资格预审的)。

3.1.1 评标委员会依据本章第 2.1.1 项、第 2.1.3 项、第 2.1.4 项规定的标准对投标文件进行初步评审。有一项不符合评审标准的，作废标处理。当投标人资格预审申请文件的内容发生重大变化时，评标委员会依据本章第 2.1.2 项规定的标准对其更新资料进行评审(适合于已进行资格预审的)。

3.1.2 投标人有以下情形之一的，其投标作废标处理：

(1)第二章"投标人须知"第 1.4.3 规定的任何一种情形。

(2)串通投标或弄虚作假或有其他违法行为的。

(3)不按评标委员会要求澄清、说明或补正的。

3.1.3 投标报价有算术错误的，评标委员会按照以下原则对投标报价进行修正，修正的价格经投标人书面确认后具有约束力。投标人不接受修正价格的，其投标作废标处理。

(1)投标文件中大写金额与小写金额不一致的，以大写金额为准。

(2)总价金额与依据单价计算出的结果不一致的，以单价金额为准修正总价，但单价金额小数点有明显错误的除外。

3.2 详细评审

3.2.1 评标委员会按本章第 2.2 款规定的量化因素和标准进行价格折算，计算出评标价格，并编制价格比较一览表。

3.2.2 评标委员会发现投标人的报价明显低于其他投标报价，或者在设有标底时明显低于标底，使得其投标报价可能低于其成本的，应当要求该投标人做出书面说明并提供相应的证明材料。投标人不能合理说明或者不能提供相应的证明材料的，由评标委员会认定该投标人以低于成本报价竞标，其投标作废标处理。

3.3 投标文件的澄清与补正

3.3.1 在评标过程中，评标委员会可以书面形式要求投标人对所提交的投标文件中不明确的内容进行书面澄清与说明，或者对细微的偏差进行补正。评标委员会不接受投标人主动提交的澄清、说明或补正。

3.3.2 澄清、说明或补正不得改变投标文件的实质性内容(算术性错误修正除外)。投标人的澄清、说明或补正属于投标文件的组成部分。

3.3.3 评标委员会对投标人提交的澄清、说明或补正有疑问的，可以要求投标人进一步澄清、说明或补正，直至满足评标委员会的要求。

3.4 评标结果

3.4.1 除第二章“投标人须知”前附表授权直接确定中标人外，评标委员会按照经评审的价格由低到高的顺序推荐中标候选人。

3.4.2 评标委员会完成评标后，应当向招标人提交书面评标报告。

第三章　评标办法(综合评估法)

评标办法前附表

条　款		评标因素	评标标准
2.2.1		分值构成 (总分 100 分)	施工组织设计：______分 项目管理机构：______分 投 标 报 价：______分 其他评分因素：______分
2.2.2		评标基准价计算方法	
2.2.3		投标报价偏差率计算公式	偏差率=100%×(投标人报价－评标基准价)/评标
2.2.4(1)	施工组织设计评分标准	内容完整性和编制水平	……
		施工方案与技术措施	……
		质量管理体系与措施	……
		安全管理体系与措施	……
		环节保护管理体系与措施	……
		工程进度计划与措施	……
		资源配备计划	……
		……	……

(续表)

条款		评标因素	评标标准
2.2.4(2)	项目管理机构评分标准	项目经理任职资格与业绩	……
		技术负责人任职资格与业绩	……
		其他主要人员	……
		……	……
2.2.4(3)	投标报价评分标准	偏差率	……
		……	……
2.2.4(4)	其他因素评分标准	……	……

注：2.1.1 形式评审标准、2.1.2 资格评审标准、2.1.3 相应性评审标准与经评审的最低投标价法相同。

1. 评标方法

本次评标采用综合评估法，评标委员会对满足招标文件实质性要的投标文件，根据本章第 2.2 款规定标准进行打分，按照得分由低到高的顺序推荐中标候选人，或根据招标人授权直接决定中标人，但投标报价低于其成本的除外。综合评分相等时，以投标报价低的优先；投标报价也相等的，由招标人自行决定。

2. 评审标准

2.1 初步评审标准

2.1.1 形式评审标准：见评标办法前附表。

2.1.2 资格评审标准：见评标办法前附表(适用于未进行资格预审的)；如果已经进行资格预审的，见资格预审文件第三章“资格审查办法”详细审查标准。

2.1.3 响应性评审标准：见评标办法前附表。

2.2 分值构成与评分标准

2.2.1 分值构成

(1)施工组织设计：见评标办法前附表。

(2)项目管理机构：见评标办法前附表。

(3)投标报价：见评标办法前附表。

(4)其他评分因素：见评标办法前附表。

2.2.2 评标基准价计算

评标基准价计算方法：见评标办法前附表。

2.2.3 评标报价的偏差率计算公式

评标报价的偏差率计算公式：见评标办法前附表。

2.2.4 评分标准

(1)施工组织设计评分标准：见评标办法前附表。

(2)项目管理机构评分标准：见评标办法前附表。

(3)投标报价评分标准：见评标办法前附表。

(4)其他评分因素评分标准：见评标办法前附表。

3. 评标程序

3.1 初步评标

3.1.1 评标委员会可以要求投标人提交第二章“投标人须知”第3.5.1项至第3.5.5项规定的有关证明和证件的原件，以便核验。评标委员会依据本章第2.1款规定的标准对投标文件进行初步评审。有一项不符合评审标准的，作废标处理(适合未进行资格预审的)。

3.1.2 评标委员会依据本章第2.1.1项、第2.1.3项、第2.1.4项规定的标准对投标文件进行初步评审。有一项不符合评审标准的，作废标处理。当投标人资格预审申请文件的内容发生重大变化时，评标委员会依据本章第2.1.2项规定的标准对其更新资料进行评审(适合于已进行资格预审的)。

3.1.3 投标人有以下情形之一的，其投标作废标处理：

(1)第二章“投标人须知”第1.4.3规定的任何一种情形。

(2)串通投标或弄虚作假或有其他违法行为的。

(3)不按评标委员会要求澄清、说明或补正的。

3.1.4 投标报价有算术错误的，评标委员会按照以下原则对投标报价进行修正，修正的价格经投标人书面确认后具有约束力。投标人不接受修正价格的，其投标作废标处理。

(1)投标文件中大写金额与小写金额不一致的，以大写金额为准。

(2)总价金额与依据单价计算出的结果不一致的，以单价金额为准修正总价，但单价金额小数点有明显错误的除外。

3.2 详细评审

3.2.1 评标委员会按本章第2，2款规定的量化因素和分值进行打分，并计算出综合评估得分。

(1)按本章第2.2.4(1)目规定的评审因素和分值对施工组织设计计算出得分A。

(2)按本章第2.2.4(2)目规定的评审因素和分值对项目管理机构计算出得分B。

(3)按本章第2.2.4(3)目规定的评审因素和分值对投标报价计算出得分C。

(4)按本章第2.2.4(4)目规定的评审因素和分值对其他因素计算出得分D。

3.2.2 评估分值计算保留小数点后两位，小数点后三位“四舍五入”。

3.2.3 投标人得分＝A＋B＋C＋D。

3.2.4 评标委员会发现投标人的报价明显低于其他投标报价，或者在设有标底时明显低于标底，使得其投标报价可能低于其成本的，应当要求该投标人做出书面说明并提供相应的证明材料。投标人不能合理说明或者不能提供相应的证明材料的，由评标委员会认定该投标人以低于成本报价竞标，其投标作废标处理。

3.3 投标文件的澄清与补正

3.3.1 在评标过程中，评标委员会可以书面形式要求投标人对所提交的投标文件中不明确的内容进行书面澄清与说明，或者对细微的偏差进行补正。评标委员会不接受投标人主动提交的澄清、说明或补正。

3.3.2 澄清、说明或补正不得改变投标文件的实质性内容(算术性错误修正除外)。投标人的澄清、说明或补正属于投标文件的组成部分。

3.3.3 评标委员会对投标人提交的澄清、说明或补正有疑问的，可以要求投标人进一步澄清、说明或补正，直至满足评标委员会的要求。

3.4 评标结果

3.4.1 除第二章“投标人须知”前附表授权直接确定中标人外，评标委员会按照经评审的价格由低到高的顺序推荐中标候选人。

3.4.2 评标委员会完成评标后，应当向招标人提交书面评标报告。

第四章　合同条款及格式

《标准施工招标文件(2007 年版)》合同条款及格式

第一部分　协议书

发包人(全称)：

承包人(全称)：

依据《中华人民共和国合同法》、《中华人民共和国建筑法》及其有关法律、行政法规，遵循平等、自愿、公平和诚实信用的原则，双方就建设工程施工事项协商一致，订立本合同。

一、工程概况

工程名称：

工程地点：

工程内容：

群体工程应附承包人承揽工程项目一览表(附件 1)

工程立项批准文号：

资金来源：

二、工程承包范围

承包范围：

三、合同工期

开工日期：

竣工日期：

合同工期总日历天数 1 天。

四、质量标准

工程质量标准：

五、合同价款

金额(大写)：　　　　　元(人民币)

¥：　　　元

六、组成合同的文件

组成合同的文件包括：

1. 本合同协议书
2. 中标通知书
3. 投标书及其附件
4. 本合同专用条款
5. 本合同通用条款
6. 标准、规范及有关技术文件
7. 图纸
8. 工程量清单
9. 工程报价单或预算书

双方有关工程洽商、变更等书面协议或文件视为本合同的组成部分。

七、本协议书中有关词语含义与本合同第二部分《通用条款》中分别赋予它们的定义相同。

八、承包人向发包人承诺按照合同约定进行施工、竣工并在质量保修期内承担工程质量保修责任。

九、发包人向承包人承诺按照合同约定的期限和方式支付合同价款及其他应当支付的款项。

十、合同生效

合同订立时间：　　年　月　日

合同订立地点：

本合同双方约定：______后生效。

发包人：（公章）	承包人：（公章）
住所：	住所：
法定代表人：	法定代表人：
委托代理人：	委托代理人：
电话：	电话：
传真：	传真：
开户银行：	开户银行：
账户：	账户：
邮政编码：	邮政编码：

第二部分　合同通用条款

1. 一般约定

1.1 词语定义

通用合同条款、专用合同条款中的下列词语应具有本款所赋予的含义。

1.1.1 合同

1.1.1.1 合同文件(或称合同)：①合同协议书；②中标通知书；③投标函及投标函附录；④专用合同条款；⑤通用合同条款；⑥标准、规范及有关技术文件；⑦图纸；⑧已标价工程量清单；⑨其他合同文件。

1.1.1.2 合同协议书：指本节第1.5款所指的合同协议书。

1.1.1.3 中标通知书：指发包人通知承包人中标的函件。

1.1.1.4 投标函：指构成合同文件组成部分的由承包人填写并签署的投标函。

1.1.1.5 投标函附录：指附在投标函后构成投标文件的投标函附录。

1.1.1.6 标准、规范及有关技术文件：指构成合同文件组成部分的标准规范及有关技术文件，包括合同双方当事人约定对其所作的修改或补充。

1.1.1.7 图纸：指包含在合同中的工程图纸，以及由发包人按合同约定提供的任何补充和修改的图纸，包括配套说明。

1.1.1.8 已标价的工程量清单：指构成合同文件组成部分的由承包人按照规定格式和要求填写并标明价格的工程量清单。

1.1.1.9 其他合同文件：指经当事人双方确认构成合同文件的其他文件。

1.1.2 合同当事人和人员

1.1.2.1 合同当事人：指发包人和承包人。

1.1.2.2 指专用合同条款中指明并与承包人在合同协议书中签字的当事人。

1.1.2.3 承包人：指与发包人签订合同协议书的当事人。

1.1.2.4 承包人项目经理：指承包人派驻工程现场的全权负责人。

1.1.2.5 分包人：指从承包人那里分包合同中某一部分工程，并与承包人签订分包合同的当事人。

1.1.2.6 监理人：指在专用合同条款中指明的、受发包人委托对合同履行实施管理的法人或其他组织。

1.1.2.7 总监理工程师(总监)：指由监理人委派、常驻施工现场对合同履行实施管理的全权负责人。

1.1.3 工程和设备

1.1.3.1 工程：指永久工程和(或)临时工程。

1.1.3.2 永久工程：指按合同约定建造并移交给发包人的工程，包括工程设备。

1.1.3.3 临时工程：指为完成合同约定的永久性工程所建造的各类临时工程，不包括施工设备。

1.1.3.4 单位工程：指专用合同条款中指明的特定范围的永久工程。

1.1.3.5 工程设备：指构成或计划构成永久性工程一部分的各种设备好装置。

1.1.3.6 施工设备：指为完成合同约定的各项工作所需的设备、器具和其他物品，不包括临时工程及材料。

1.1.3.7 临时设施：指为完成合同约定的各项工作所需要的临时生产和生活设施。

1.1.3.8 承包人设备：指承包人为进行工程施工而自带的各种设备。

1.1.3.9 施工场地(或工地、现场)：指用于合同工程施工的场地，以及在合同中指定作为施工场地组成部分的其他场地，包括永久占地和临时占地。

1.1.3.10 永久占地：指专用合同条款中指明为实施合同工程所需永久占用的土地。

1.1.3.11 临时占地：指专用合同条款中指明为实施合同工程所需临时占用的土地。

1.1.4 日期

1.1.4.1 开工通知：指监理人按第 11.1 款通知承包人开工的函件。

1.1.4.2 开工日期：指监理人按第 11.1 款发出的开工通知中写明的开工日期。

1.1.4.3 工期：指承包人在投标函中承诺的完成合同工程所需的期限，包括第 11.3 款、第 11.4 款和第 11.5 款约定工期延误所作的变更。

1.1.4.4 竣工日期：指第 1.1.4.4 款约定工期届满时的日期。实际竣工日期以工程接受证书中写明的日期为准。

1.1.4.5 缺陷责任：指履行第 19.2 款约定的缺陷责任的期限，具体期限由专用合同条款约定，包括根据第 19.3 约定所作的延长。

1.1.4.6 基准日期：指投标截止时间前 28 天的日期。

1.1.4.7 天：除特别指明外，按日历天。合同中按天计算实际的，开始当天不计入，从次日开始计算。期限最后一天的截止时间为当天的 24：00。

1.1.5 合同价格和费用

1.1.5.1 签约合同价：指签订合同时合同协议书中写明的，包括暂列金额、暂估价的合同总金额。

1.1.5.2 合同价格：指承包人按合同约定完成了包括缺陷责任期内的全部承包工作后，发包人应付给承包人的金额，包括在履行合同过程中按合同约定进行的变更和调整。

1.1.5.3 费用：指为履行合同所发生的或将要发生的所有合理开支，包括管理费和应分摊的其他费用，不包括利润。

1.1.5.4 暂列金额：指已标价工程量清单中所列的暂列金额，用于在签订协议书时尚未确定或不可预见变更的施工及其所需材料、工程设备、服务等金额，包括以计日工方式支付的金额。

1.1.5.5 暂估价：指发包人在工程量清单中给定的用于支付必然发生但暂时不能确定价格的材料、设备以及专业工程的金额。

1.1.5.6 计日工：指对零星工作采用的一种计价方式，按合同中的计日工子目及其单价计价付款。

1.1.5.7 质量保证金(或保留金)：指按第 17.4.1 款约定用于保证在缺陷责任期内履行缺陷修复义务的金额。

1.1.6 其他

1.1.6.1 书面形式：指合同文件、信函、电报、传真等可以有形地表现所载内容的形式。

1.2 语言文字

除专用术语外，合同使用的语言文字为中文。必要时专用术语应附中文解释。

1.3 适用法律和法规

适用于本合同的法律、行政法规包括《中华人民共和国招投标法》《中华人民共和国建筑法》以及工程所在地的地方法规、自制条例、单行条例和地方政府规章。

1.4 合同文件解释顺序

组成合同的各项文件相互解释、互为说明。除专用合同条款另有约定外，合同文件解释顺序为：

(1)合同协议书；

(2)中标通知书；

(3)投标函及投标函附录；

(4)专用合同条款；

(5)通用合同条款；

(6)标准、规范及有关技术文件；

(7)图纸；

(8)已标价工程量清单

(9)其他合同文件。

1.5 合同协议书

承包人按中标通知书规定的时间与招标人签订合同协议书。除法律另有规定或合同另有规定外，发包人和承包人的法定代表人或其委托代理人在合同协议书上签字并盖章后，合同生效。

1.6 图纸和承包人文件

1.6.1 图纸的提供

除专用合同条款另有约定外，图纸应在合理的期限内按照合同约定的数量提供给承包人。由于发包人未按时提供图纸造成工期延误的，按第11.3款的约定处理。

1.6.2 承包人提供的文件

按专用合同条款约定由承包人提供的文件，包括部分工程的大样图、加工图等，承包人应按约定的数量和期限报送监理人。监理人应在专用合同条款约定的期限内批复。

1.6.3 图纸的修改

图纸需要修改和补充的，应由监理人征得发包人同意后，在该工程或工程相应部位施工前的合理期限内签发图纸修改图给承包人，具体签发期限在专用合同条款中约定。承包人应按修改后的通知施工。

1.6.4 图纸的错误

承包人发现发包人提供的图纸如果存在明显的错误或疏漏，应及时通知监理人。

1.6.5 监理人和承包人均在施工现场各保存一套完整的的包含第1.6.1款、第1.6.2款、第1.6.3款约定内容的图纸和承包人文件。

1.7 联络

1.7.1 与合同有关的通知、批准、证明、证书、指示、要求、同意、意见和决定等，均应采用书面形式。

1.7.2 第1.7.1款中的通知、批准、证明、证书、指示、要求、同意、意见和决定等来往函件，均应在合同约定的期限内送达指定的地点和接收人，并办理签收手续。

1.8 转让

除合同另有约定外，未经对方当事人同意，一方当事人不得将合同权利全部或部分转让給第三人，也不得全部或部分转移合同义务。

1.9 严禁贿赂

合同双方当事人不得以贿赂或变相贿赂的方式，谋取不正当利益或损害对方的权益。因贿赂组成对方损失的，行为人应赔偿损失，并承担相应的法律责任。

1.10 化石、文物

1.10.1 在施工现场发掘的所有文物、古迹以及具有地质研究和考古价值的其他遗迹、化石、钱币或物品属于国家所有。一旦发现上述文物，承包人应采取有效合理的保护措施，防止任何人员移动或损坏上述物品，并立即报告当地文物管理部门，同时报告监理人。发包人、监理人和承包人应按文物管理部门要求采用妥善的保护措施，由此导致费用增加和(或)工期延误由发包人承担。

1.10.2 承包人发现文物后不及时报告或隐瞒不报，致使文物丢失或损坏的，应赔偿损失，并承担相应的法律责任。

1.11 专利技术

1.11.1 承包人在使用任何材料、承包人设备、工程设备或采用施工工艺时，因侵犯专利权或其他知识产权所引起的责任，由承包人承担，但由于遵照发包人提供的设计或技术标准和要求引起的除外。

1.11.2 承包人在投标文件中采用专利技术的，专利技术的使用费保护在投标报价中。

1.11.3 承包人的技术秘密和声明需要保密的资料和信息，发包人、监理人不得为合同以外的目的泄露给他人或公开发表、引用。

1.12 图纸和文件的保密

1.12.1 发包人提供的图纸和文件，未经发包人同意，承包人不得以合同以外的目的泄露给他人或公开发表、引用。

1.12.2 承包人提供的图纸和文件，未经承包人同意，发包人和监理人不得以合同以外的目的泄露给他人或公开发表、引用。

2. 发包人的义务

2.1 发包人在履行合同过程中应遵守法律，并保证承包人免于承担因发包人违反法律而引起的任何责任。

2.2 发出开工通知

发包人应委托监理人按第 11.1 款的约定向承包人发出开工通知。

2.3 提供施工场地

发包人应按专用合同条款约定向承包人提供施工场地，以及施工场地内地下管线和地下设施等有关资料，并保证资料的真实、准确和完整。

2.4 协助承包人办理证件和批件

发包人应协助承包人办理法律规定的有关施工证件和批件。

2.5 发包人应根据工程进度计划，组织设计单位向承包人进行设计交底。

2.6 支付合同价款

发包人应按合同约定向承包人及时支付合同价款。

2.7 组织竣工验收

发包人应按合同约定及时组织竣工验收。

2.8 其他义务

发包人应履行合同约定的其他义务。

3. 监理人

3.1 监理人的职责和权力

3.1.1 监理人受发包人的委托，享有合同约定的权力。监理人在行使某项权力前需要经发包人事先批准，通用条款中没有指明的，应在专用条款中指明。

3.1.2 监理人发出的任何指示应视为得到发包人批准，但监理人无权免除或变更合同约定的发包人和承包人的权力、义务和责任。

3.1.3 合同约定应由承包人承担的责任和义务，不因监理人对承包人提交文件的审查或批准，对工程、材料和设备的检查和检验，以及为施工监理作出的指示等职务行为而减轻或解除。

3.2 总监理人员

发包人应在发出开工通知前将总监理工程师的任命通知承包人。总监理工程师更换时，应在调离 14 天前通知承包人。总监理工程师短期离开施工场地的，应委派代表代其职责，并通知承包人。

3.3 监理人员

3.3.1 总监理工程师可以授权其他监理人员负责执行期指派的一项或多项监理工作。总监理工程师应将授权监理人员的姓名及其授权范围通知承包人。被授权的监理人在授权范围内发出的指示视为已得到总监理工程师的同意，与总监理工程师发出的指示具有同等效力，指监理工程师撤销某项授权时，应将撤销授权的决定及时通知承包人。

3.3.2 监理人员对承包人的任何工作、工程或其采用的材料和工程设备未在约定的或合理的期限内提出否定意见的，视为已获批准，但不影响监理人在以后拒绝该项工作、工程、材料和工程设备的权利。

3.3.3 承包人对总监理工程师授权的监理人员发出的指示有疑问的，可向总监理工程师提出书面异议，指监理工程师应在 48 小时对该指示予以确认、更改或撤销。

3.3.4 除专用合同条款另有约定外，总监理工程师不应将第 3.5 款约定应由指监理工程师作出确定的权力授权或委托给其他监理人员。

3.4 监理人的指示

3.4.1 监理人应按第 3.1 款的约定向承包人发出指示，监理人的指示应盖有监理人授权的施工场地机构章，并有总监理工程师或指监理工程师按第 3.3.1 款约定授权的监理人员签字。

3.4.2 承包人收到监理人按第 3.4.1 款作出的指示后应遵照执行。指示构成变更的，应按第 15 条处理。

3.4.3 在紧急情况下，总监理工程师或被授权的监理人员可以当场签发临时书面指示，承包人应遵照执行。承包人应在收到上述临时指示后 24 小时内，向监理人发出书面确认函。监理人在收到书面确认函后 24 小时内未予答复的，该书面确认函应被视为监理人的正式指示。

3.4.4 除合同另有约定外，承包人只从总监理工程师或按第 3.3.1 款被授权的监理人除取得指示。

3.4.5 由于监理人未按合同约定发出指示、指示延误或指示错误而导致承包人费用增加和(或)工期延误的，由发包人承担责任。

3.5 商定或确定

3.5.1 合同约定总监理工程师应按本款对任何事项进行商定或确定时，总监理工程应与合同当事人协商，尽量达成一致。不能达成一致的，总监理工程师应认真研究后审慎确定。

3.5.2 总监理工程师应将商定或确定的事项通知合同当事人，并附详细依据。对总监理工程师的确定有异议的，构成争议，按第 24 条的约定处理。在争议解决前，双方应暂按总监理工程师的确定执行，按照第 24 条的约定对总监理工程师的确定作出修改，按修改后的结果执行。

4. 承包人

4.1 承包人的一般义务

4.1.1 遵守法律

承包人在履行合同中应当遵守法律，并保证发包人免于承担因承包人违犯法律而引起的任何责任。

4.1.2 依法纳税

承包人应按有关法律依法纳税，应缴纳的税金包括在合同价格内。

4.1.3 完成各项承包工作

承包人应按合同约定以及监理人根据第 3.4 款作出的指示，实施、完成全部工作，并修补工程中的任何缺陷。除专用合同条款另有约定外，承包人应提供为完成合同任务所需的劳务、材料、施工设备、工程设备和其他物品，并按合同约定负责临时设施的设计、建造、维护、管理和拆除。

4.1.4 对施工作业和施工方法的完备性负责

承包人应按合同约定的工作内容和施工进度要求，编制施工组织设计和施工措施计划，并对所有施工作业和施工方法的完备性和安全可靠性负责。

4.1.5 保证工程施工和人员的安全

承包人应按第 9.2 款约定采取安全措施，确保工程及其人员、材料、设备和设施的安全，防止因工程施工造成的人身伤害和财产损失。

4.1.6 负责施工场地与周边环境与生态的保护工作

承包人应按第 9.4 款约定负责施工场地与周边环境与生态的保护工作。

4.1.7 避免施工对公众与他人的利益造成损害

承包人在进行合同约定的各项工作时，不得侵害发包人与他人使用公用道路、水源、市政管网等公共设施的权利，避免对邻近的公共设施产生干扰。承包人占用或使用他人的施工场地，影响他人作业或生活的，应承担相应责任。

4.1.8 为他人提供方便

承包人应按监理人的指示为他人在施工场地或附近设施与工程有关的其他各项工作提供可能的条件。除合同另有约定外，提供有关条件的内容和可能发生的费用，由监理人按第3.5款商定或确定。

4.1.9 工程的维护和照管

承包人工程接收证书颁发前，承包人应负责照管和维护工程。工程接收证书颁发时尚有部分未竣工工程的，承包人还应负责该未竣工工程的照管和维护工作，直至竣工后移交给发包人为止。

4.1.10 其他义务

承包人应履行合同约定的其他义务。

4.2 履约担保

承包人应保证履约担保在发包人颁发工程接收证书前一直有效。发包人应在工程接收证书颁发后28天内把履约担保退回给承包人。

4.3 分包

4.3.1 承包人不得将其承包的全部工程转包给第三人，或将其承包的全部工程肢解后以分包的名义转包给第三人。

4.3.2 承包人不得将工程主体、关键性工作分包给第三人。除专用合同条款另有约定外，未经发包人同意承包人不得将工程的其他部分或工作分包给第三人。

4.3.3 分包人的资格和能力应与其分包工程的标准和规模相适应。

4.3.4 按投标函附录约定分包工程的，承包人应向发包人和监理人提交分包合同副本。

4.3.5 承包人应与发包人就分包工程向发包人承担连带责任。

4.4 联合体

4.4.1 联合体各方应共同与发包人签订合同协议书。联合体各方应为履行合同承担连带责任。

4.4.2 联合体协议经发包人确认后，作为合同附件。在履行合同过程中，未经发包人的同意不得修改联合体协议。

4.4.3 联合体牵头人负责与发包人和监理人联系，并接受指示，负责组织联合体各成员全面履行合同。

4.5 承包人项目经理

4.5.1 承包人应按合同约定指派项目经理，并在约定的期限内到职。承包人更换项目经理应事先征得发包人同意，并应在更换14天前通知发包人和监理人。承包人项目经理短期离开施工场地，应事先征得监理人同意，并委派代理人代行其职责。

4.5.2 承包人项目经理应按合同约定以及监理人按第3.4款作出的指示，负责组织合同工程的实施。在情况紧急且无法与监理人取得联系时，可采取保证工程和人员生命财产安全的紧急措施，并在采取措施后24小时内向监理人提交书面报告。

4.5.3 承包人为履行合同发出的一切函件均应盖有承包人授权的施工场地管理机构章，并由承包人项目经理或其授权的代理人签字。

4.5.4 承包人项目经理可以授权其下属人员履行其某项职责，但事先应将这些人员的姓名和授权范围通知监理人。

4.6 承包人人员的管理

4.6.1 承包人应在接到开工通知后28天内，向监理人提交承包人在施工场地的管理机构以及人员安排的报告，其内容应包括管理机构的设置、各主要岗位的技术和管理人员名单及其资格，以及各工种技术工人的安排情况。承包人应向监理人提交施工场地人员变动情况的报告。

4.6.2 为完成合同约定的各项工作，承包人应向施工场地派遣或雇佣足够数量的下列人员：

(1)具有相应资格的专业资格的技工和合格的普工；

(2)具有相应施工经验的技术人员；

(3)具有相应岗位资格的各级管理人员。

4.6.3 承包人安排在施工场地的主要管理人员和技术骨干应相对稳定。承包人更换主要管理人员和技术骨干时，应取得监理人同意。

4.6.4 特殊岗位的工作人员均应持有相应的资格证书，监理人有权随时检查。监理人认为有必要时，可进行现场考核。

4.7 撤换承包人项目经理和其他人员

承包人应对其项目经理和其他人员进行有效管理。监理人要求撤换不能胜任本职工作、行为不端或玩忽职守的承包人项目经理和其他人员的，承包人应予以撤换。

4.8 保障承包人人员的合法权益

4.8.1 承包人应与其雇佣的人员签订劳动合同，并按时发放工资。

4.8.2 承包人应按劳动法的规定安排工作时间，保障其雇佣人员享有休息和休假的权利。因工程施工的特殊需要占用休假日或延长工作时间的应不超过法律规定的限度，并按法律规定给予补休或付酬。

4.8.3 承包人应为雇佣人员提供必要的食宿条件，以及符合环境保护和卫生要求的生活环境，在远离城镇的施工场地，还应配备必要的伤病治疗和急救的医务人员与医疗设施。

4.8.4 承包人应按国家有关劳动保护的规定，采取有效地防止粉尘、降低噪声、控制有害气体和保障高温、高寒、高空作业等劳动保护措施。其雇佣人员在劳动中受到伤害的，承包人应当立即采取有效措施进行抢救和治疗。

4.8.5 承包人应按有关法律规定和合同约定，为其雇用人办理保险。

4.8.6 承包人应负责处理其雇用人因公伤亡事故的善后事宜。

4.9 工程价款应专款专用

发包人按合同约定支付给承包人的各项价款应当用于合同工程。

4.10 承包人现场查勘

4.10.1 发包人将其持有的现场地质勘察资料、水文气象资料提供给承包人，并对其准确性负责。但承包人应对其阅读上述有关资料后作出的解释和推断负责。

4.10.2 承包人对施工场地和周围环境进行查勘，并收集有关地质、水文、气象条件、交通条件、风俗习惯以及其他为完成合同工作有关的当地资料。在全部合同工作中，应视为承包人已充分估计了应承担的责任和风险。

4.11 不利物质条件

4.11.1 不利物质条件，除专用合同条款另有约定外，是指承包人在施工场地遇到的不可预见的自然物质条件、非自然的物质障碍和污染物，包括地下和水文条件，但不包括气候条件。

4.11.2 承包人遇到不利物质条件时，应采取适当不利物质条件的合理措施继续施工，并及时通知监理人，监理人应及时发出指示，指示构成变更的，按第15条约定办理。监理人没有发出指示的，承包人因采取合理措施增加的费用和(或)工期延误，由发包人承担。

5. 材料和工程设备

5.1 承包人提供的材料和工程设备

5.1.1 除专用合同条款另有约定外，承包人提供的材料和工程设备均由承包人负责采购、运输和保管。承包人应对其采购的材料和工程设备负责。

5.1.2 承包人应按专用合同条款约定，将各项材料和工程设备的供货人及品种、规格、数量和供货时间等报送监理人审批。承包人应向监理人提交其负责提供的材料和工程设备的质量证明文件，并满足合同约定的质量标准。

5.1.3 对承包人提供的材料和工程设备，承包人应会同监理人进行检验和交货验收，查验材料合格证明和产品合格证书，并按合同约定和监理人指示，进行材料的抽样检验和工程设备的检验测试，检验和测试的结果应提交监理人，所需费用由承包人承担。

5.2 发包人提供的材料和工程设备

5.2.1 发包人提供的材料和工程设备，应在专用合同条款中写明材料和工程设备的名称、规格、数量、价格、交货方式、交货地点和计划交货日期等。

5.2.2 承包人应根据合同进度计划的安排向监理人报送要求发包人交货的日期计划。发包人应按照监理人与合同双方当事人商定的交货日期，向承包人提交材料和工程设备。

5.2.3 发包人应在材料和工程设备到货7天前通知承包人，承包人应会同监理人在约定的时间内赴交货地点共同进行验收。除专用合同条款另有约定外，发包人提供的材料和工程设备验收后，由承包人负责接收、运输和保管。

5.2.4 发包人要求向承包人提前交货的，承包人不得拒绝，但发包人应承担承包人由此增加的费用。

5.2.5 承包人要求更改交货日期和地点的，应事先报请监理人批准。由于承包人要求更改交货日期和地点所增加的费用和(或)工期延误由承包人承担。

5.2.6 发包人提供的材料和工程设备的规格、数量和质量不符合合同要求，或由于发包人原因发生交货日期延误及交货地点变更等情况的发包人应承担由此增加的费用和(或)工期延误，并向承包人支付合理的补偿。

5.3 材料和工程设备专用于合同工程

5.3.1 运入施工场地的材料和工程设备，包括备品备件、安装专用工具器具与随机资料，必须专用于合同工程，未经监理人同意，承包人不得运出施工场地或挪作他用。

5.3.2 随同备品备件、安装专用工具器具与随机资料，应由承包人会同监理人按供货人的装箱单清单后共同封存，未经监理人同意不得启用。承包人因合同工作需要使用上述物品时，应向监理人提出申请。

5.4 禁止使用不合格的材料和工程设备

5.4.1 监理人有权拒绝承包人提供的不合格材料或工程设备，并要求承包人立即更换。监理人应在更换后再次进行检查和检验，由此增加的费用和(或)工期延误，由承包人承担。

5.4.2 监理人发现承包人使用了不合格材料或工程设备，应及时发出指示要求承包人立即改正，并禁止在工程中继续使用不合格材料或工程设备。

5.4.3 发包人提供的材料或工程设备不符合合同要求的，承包人有权拒绝，并可要求发包人更换，由此增加的费用和(或)工期延误，由发包人承担。

6. 施工设备和临时设施

6.1 承包人提供的施工设备和临时设施

6.1.1 承包人应按合同进度计划的要求，及时配置施工设备和临时设施。进入施工场地的承包人设备需要监理人核查后才能投入使用。承包人更换合同约定的承包人设备的，应报监理人批准。

6.1.2 除专用合同条款另有约定外，承包人应自行承担修建临时设施的费用，需要临时占地的，应由发包人办理申请手续并承担相应费用。

6.2 发包人提供的施工设备和临时设施

发包人提供的施工设备和临时设施在专用合同条款中约定。

6.3 要求承包人增加或更换施工设备

承包人使用的施工设备不能满足合同进度计划和(或)质量要求时，监理人有权要求增加或更换施工设备承包人应及时增加或更换，由此增加的费用和(或)工期延误，由承包人承担。

6.4 施工设备和临时设施专用于合同工程

6.4.1 除合同另有约定外，运入施工场地的所有施工设备以及在施工场地建设的临时设施应专用于合同工程。未经监理人同意，不得将上述施工设备和临时设施的任何部分运出施工场地或挪作他用。

6.4.2 经监理人同意，承包人可根据合同进度计划撤走闲置的施工设备。

7. 交通运输

7.1 道路通行权和场外设施

除专用合同条款另有约定外，发包人应根据合同工程的施工需要，负责办理取得出入施工场地的专用和临时道路的通行权，以及取得为工程建设所需场外设施的权利，并承担有关费用。承包人应协助发包人办理上述手续。

7.2 场内施工道路

7.2.1 除专用合同条款另有约定外，承包人应负责修建、维修、养护和管理施工所需要的临时道路和交通设施，包括维修、养护和管理发包人提供的道路和交通设施，并承担相应费用。

7.2.2 除专用合同条款另有约定外，承包人修建的临时道路和交通设施免费提供给发包人和监理人使用。

7.3 场外交通

7.3.1 承包人车辆外出行使所需的场外公共道路的通行费、养路费和税款等由承包人负担。

7.3.2 承包人应遵守有关交通法规，严格按照道路和桥梁的限制负荷安全行使，并服从交通管理部门的检查和监督。

7.4 超大件和超重件的运输

由承包人负责运输的超大件或超重件，应由承包人负责向交通管理部门办理申请手续，发包人给予协助。运输超大件或超重件所需的道路和桥梁临时加固改造费和其他有关费用，由承包人负担，但专用合同条款另有约定外。

7.5 道路和桥梁的损坏责任

因承包人运输造成施工场地内外公共道路和桥梁的损坏的，由承包人负担修复损坏的全部费用和可能引起的赔偿。

(注：本条上述各款均适用水路和航空运输)

8. 测量放线

8.1 施工控制网

8.1.1 发包人应在专用合同条款规定的期限内，通过监理人向承包人提供测量基准点、基准线和水准点及其书面资料。除专用合同条款另有约定外，承包人应根据国家测绘基准、测绘系统和工程测量技术规范，按上述基准点(线)以及合同工程精确要求，测设施工控制网，并在专用合同条款规定的期限内，将施工控制网资料报送监理人审批。

8.1.2 承包人应负责施工控制网点。施工控制网点丢失和损坏的，承包人应及时修复。承包人应承担施工控制网点的管理与修复费用，并在工程竣工后，将施工控制网点移交发包人。

8.2 施工测量

8.2.1 承包人应负责施工过程中的全部测量放线工作，并配置合格的人员、仪器、设备和其他物品。

8.2.2 监理人可以指示承包人进行抽样复测，当复测中发现问题或出现超过合同约定的误差时，承包人应按监理人的指示进行修复和补测，并承担相应的复测费用。

8.3 基准资料错误的责任

发包人应对提供测量基准点、基准线和水准点及其书面资料真实性、准确性和完整性负责。发包人提供上述基准资料错误导致承包人测量放线工作的返工或造成工程损失的，发包人应承担由此增加的费用和(或)工期延误，并向承包人支付合理的补偿。承包人发现发包人提供的上述资料存在明显错误或疏忽的，应及时通知监理人。

8.4 监理人使用施工控制网

监理人需要使用施工控制网的，承包人应提供必要的协助，发包人不再为此增加费用。

9. 施工安全、治安保卫和环境保护

9.1 发包人的施工安全责任

9.1.1 发包人应按合同约定履行安全职责，授权监理人按合同约定的安全工作内容监督、检查承包人安全工作的实施，组织承包人和有关单位进行安全检查。

9.1.2 发包人应对其施工现场机构雇佣的全部人员的工伤事故承担责任，但由于承包人的原因造成发包人人员工伤的，由承包人承担责任。

9.1.3 发包人应负责赔偿以下各种情况造成的第三者人身伤亡和财产损失：

(1)工程或工程的任何部分对土地的占用所组成的第三者财产损失；

(2)由于发包人原因在施工场地及其毗邻地带造成第三者人身伤亡和财产损失。

9.2 承包人的施工安全责任

9.2.1 承包人应按合同约定履行安全职责，执行监理人有关安全工作指示，并在专用合同条款约定的期限内，按合同约定的安全工作内容，编制施工安全措施计划报送监理人审批。

9.2.2 承包人应加强施工作业安全管理，特别应加强易燃易爆材料、火工器材、有毒与腐蚀性材料和其他危险品的管理，以及对爆破工作和地下工程施工等危险作业的管理。

9.2.3 承包人应严格按照国家安全标准制定施工安全操作规程，配备必要的安全生产和劳动保护设施，加强对承包人人员的安全教育，并发放安全工作手册和劳动保护用具。

9.2.4 承包人应按监理人的指示制定应对灾害的紧急预案，报送监理人审批。承包人还应按预案做好安全检查，配置必要的物质好器材，切实保护好有关人员的人身和财产安全。

9.2.5 合同约定的安全作业环境及安全施工措施所需费用应遵守有关规定，并包括在相关合同价格中。因采用合同未约定的安全作业环境及安全施工措施增加的费用，由监理人按 3.5 款商定或确定。

9.2.6 承包人对其履行合同所雇用的全部人员，包括分包人人员的工伤事故承担责任，但由于发包人原因造成承包人人员工伤事故的应由发包人承担责任。

9.2.7 由于承包人原因在施工场地内及其毗邻地带造成的第三者人身伤亡和财产损失，由承包人承担责任。

9.3 治安保卫

9.3.1 除合同另有约定外，发包人应当与当地公安部门协商，在施工现场建立治安管理机构或联防组织统一管理施工场地的治安保卫事项，履行合同工程的治安保卫职责。

9.3.2 发包人和承包人除应协助施工现场治安管理机构或联防组织维护施工场地的社

会治安外，还应做好包括生活区在内的各自管辖区的治安保卫工作。

9.3.3 除合同另有约定外，发包人和承包人应在工程开工后，共同编制施工场地治安管理计划，并制定应对突发治安事件的紧急预案。在工程施工过程中，发生暴乱、爆炸等恐怖事件，以及群殴等群体性突发治安事件的，发包人和承包人应立即向当地政府报告。发包人和承包人应积极协助当地有关部门采取措施平息事态，防止事态扩大，尽量减少财产损失和避免人员伤亡。

9.4 环境保护

9.4.1 承包人在施工合同中，应遵守有关环境保护的法律，履行合同约定的环境保护义务，并对违犯法律和合同约定义务所造成的环境破坏、人身伤害和财产损失负责。

9.4.2 承包人应按合同约定的环保工作内容，编制施工环保措施计划，报送监理人审批。

9.4.3 承包人应按照批准的施工环保措施计划有序地堆放和处理施工废弃物，避免对环境造成破坏。因承包人任意堆放或弃置施工废弃物造成妨碍公共交通、影响城镇居民生活、降低河流通畅、危及居民安全、破坏周边环境，或者影响其他承包人施工等后果的，承包人应承担责任。

9.4.4 承包人应按合同约定采取有效措施，对施工开挖的边坡及时进行支护，维护排水设施，并进行水土保护，避免因施工造成地质灾害。

9.4.5 承包人应按国家饮用水管理标准定期对饮用水源进行监测，防止施工活动污染饮水水源。

9.4.6 承包人应按合同约定，加强对噪声、粉尘、废气、废水和废油的控制，努力降低噪声，控制粉尘和废气浓度，做好废水和废油的治理和排放。

9.5 事故处理

工程施工过程中发生事故的，承包人应立即通知监理人，监理人应立即通知发包人。发包人和承包人应立即组织人员和设施进行紧急抢救和抢修，减少人员伤亡和财产损失，防止事态扩大，并保护事故现场。需要移动现场物品时，应作出标记和书面记录，妥善保护有关证据。发包人和承包人应按国家有关规定，及时如实地向有关部门报告事故发生的情况，以及正在采取的紧急措施。

10. 进度计划

10.1 合同进度计划

承包人应按专用合同条款约定的内容和期限，编制详细的施工进度计划和施工方案说明报送监理人。监理人应在专用合同条款约定的期限内批复或提出修改意见，否则该进度计划视为已得到批准。经监理人批准的施工进度计划称为合同进度计划，是控制合同工程进度的依据。承包人还应根据合同进度计划，编制更详细的分阶段或分项进度计划，报监理人审批。

10.2 合同进度计划的修订

不论什么原因造成工程实际进度与第 10.1 款的合同进度计划不符时，承包人可以在专用合同条款约定的期限内向监理人提交修订合同进度计划的申请报告，并附有关措施和相关资料，报监理人审批；监理人也可以直接向承包人作出修订合同进度计划的指示，承包人应按该指示修订合同进度计划，报监理人审批。监理人应在专用合同条款约定的期限内批复。监理人在批复前应获得发包人同意。

11. 开工和竣工

11.1 开工

11.1.1 监理人应在开工日期 7 天前向承包人发出开工通知，监理人在发出开工通知前应获得发包人同意。工期自监理人发出的开工通知中载明的开工日期起计算。承包人应在开工日期后尽快施工。

11.1.2 承包人应按第 10.1 款约定的合同进度计划，向监理人提交工程开工报审表，经监理人审批后执行。开工审批表应详细说明按合同进度计划正常施工所需的施工道路、临时设施、材料设备、施工人员等施工组织措施的落实情况以及工程进度安排。

11.2 竣工

承包人应在第 1.1.4.3 目约定的期限内完成合同工程。实际竣工的日期在接收证书中写明。

11.3 发包人的工期延误

在履行合同的过程中，由于发包人的下列原因造成工期延误的，承包人有权要求发包人延长工期和(或)增加费用，并支付合理的补偿。需要修订合同进度计划的，按照第 10.2 款的约定办理。

(1)增加合同的工作内容；

(2)改变合同中任何一项工作的质量要求或其他特性；

(3)发包人迟延提供材料、工程设备或变更交货地点；

(4)因发包人原因导致暂时停工；

(5)提供图纸延误；

(6)未按合同约定及时支付预付款、进度款；

(7)发包人造成工期延误的其他原因。

11.4 异常恶劣的气候条件

由于出现专用合同条款规定的异常恶劣气候条件导致工期延误的，承包人有权发包人延长工期。

11.5 承包人的工期延误

由于承包人的原因，未能按合同进度计划完成工作，或监理人认为承包人施工进度不能满足合同工期要求的，承包人应采取措施加快工程进度，并承担加快工程进度所增加的费用。由于承包人原因造成工期延误，承包人应支付逾期竣工的违约金。逾期竣工违约金的计算方法在专用合同条款中规定。承包人支付逾期竣工违约金，不免除承包人完成工程修补缺陷的义务。

11.6 工期提前

发包人要求承包人提前竣工，或承包人提出提前竣工的建议能够给发包人带来效益的，应由监理人与承包人共同协商采取加快工程进度的措施和修订合同进度计划。发包人应承担承包人由此增加的费用，并向承包人支付专用合同条款中约定的相应的奖金。

12. 暂停施工

12.1 承包人暂停施工的责任

因下列暂停施工增加的费用和(或)工期延误由承包人承担：

(1)承包人违约引起的暂停施工；

(2)由于承包人原因为工程合理施工和安全保障所必需的暂停施工；

(3)承包人擅自暂停施工；

(4)承包人其他原因引起暂停施工；

(5)专用合同条款中约定由承包人承担的其他暂停施工。

12.2 发包人暂停施工的责任

由于发包人的原因引起的暂停施工造成工期延误的，承包人有权引起发包人延长和(或)增加费用，并支付合理的补偿。

12.3 监理人暂停施工的指示

12.3.1 监理人认为有必要时，向承包人作出暂停施工的指示，承包人应按监理人的指示暂停施工。不论由于何种原因引起的暂停施工，暂停施工期间承包人应负责妥善保护工程并提供安全保障。

12.3.2 由于发包人的原因发生暂停施工的紧急情况，且监理人未及时下达暂停施工指示的，承包人可暂停施工，并及时向监理人提出暂停施工的书面请求。监理人应在接到书面请求后 24 小时内予以答复，逾期未答复的，视为同意承包人的暂停施工请求。

12.4 暂停施工后的复工

12.4.1 暂停施工后，监理人应与发包人和承包人协商，采取有效措施积极消除暂停施工的影响。当工程具备复工的条件时，监理人应立即发出复工的通知。承包人收到复工通知后，应在监理人指定的期限内复工。

12.4.2 承包人无故拖延和拒绝复工的，由此增加的费用和工期延误由承包人承担；因发包人原因无法按时复工的，承包人有权要求发包人延长工期和增加费用，并支付合理的利润。

12.5 暂停施工持续 56 天以上

12.5.1 监理人发出暂停施工指示后 56 天内未向承包人发出复工通知，除了该项停工属于 12.1 款的情况外，承包人可向监理人提出书面通知，要求监理人在收到通知 28 天准许已暂停施工的工程或其中一部分工程继续施工。如监理人逾期不予批准，则承包人可通知监理人，将工程受影响的部分视为按 15.1 款(1)可取消工作。暂停施工影响到整个工程，可视为发包人违约，应按第 22.2 款的规定处理。

12.5.2 由于承包人的责任引起的暂停施工，如承包人在收到监理人暂停施工指示后 56 天内不认真采取有效的复工措施，造成工期延误，可视为承包人违约，应按 22.1 款的规定办理。

13. 工程质量

13.1 工程质量要求

13.1.1 工程质量验收按合同约定验收标准执行。

13.1.2 因承包人原因造成工程质量达不到合同约定的验收标准的，监理人有权要求承包人返工直至符合合同要求为止，由此造成的费用和(或)工期延误由承包人承担。

13.1.3 因发包人原因造成工程质量达不到合同约定的验收标准的，发包人应承担承包人返工造成的费用和(或)工期延误，并支付承包人合理的利润。

13.2 承包人的质量管理

13.2.1 承包人应在施工场地设置专门的质量检查机构，配备专职的质量检查人员，建立完善的质量检查制度。承包人应在合同约定的期限内，提交工程质量保证措施文件，包括质量检查机构的组织和岗位责任、质检人员的组成、质量检查程序和设施细则等，报送监理人审批。

13.2.2 承包人应加强对施工人员的质量教育和技术培训，定期考核施工人员的劳动技能，严格执行规范和操作规程。

13.3 承包人的质量检查

承包人按合同约定对材料、工程设备以及工程的所有部位及其工程工艺进行全过程的质量检查和检验，并作详细的记录，编制工程质量报表，报送监理人审批。

13.4 监理人的质量检查

监理人有权对工程所有部位及其施工工艺、材料和设备进行检查和检验。承包人应为监理人的检查和检验提供方便，包括监理人到施工场地或制造、加工地点及合同约定的其他地方进行查看和查阅施工原始记录。承包人还应按监理人的指示，进行施工场地取样试验、工程复核测量和设备性能检测，提供试验样品、提交试验报告和检测成果以及监理人要求进行的其他工作。监理人的检查和检验，不免除承包人按合同约定应负的责任。

13.5 工程隐蔽部位覆盖前的检查

13.5.1 通知监理人检查

经承包人自检确认的工程隐蔽部位具备覆盖条件后，承包人应通知监理人在约定的期限内检查，承包人的通知应附有自检记录和必要的检查资料。监理人应按时到场检查。经监理人检查确认质量符合隐蔽要求，并在检查记录上签字后，承包人才能进行覆盖。监理人检查确认质量不合格的，承包人应在监理人指示的时间内修整返工后，由监理人重新检查。

13.5.2 监理人未到场检查

承包人按第 13.5.1 项约定的时间进行检查的，除监理人另有指示外，承包人可自行完成覆盖工作，并作相应记录报送监理人，监理人应签字确认。监理人事后对检查记录有疑问的，可按第 13.5.3 的约定重新检查。

13.5.3 监理人重新检查

承包人按第 13.5.2 项或第 13.5.2 项覆盖工程隐蔽部位后，监理人对质量有疑问的，可要求承包人对已覆盖的部位进行钻孔探测或揭开重新检验，承包人应遵照执行，并在检验后重新覆盖恢复原状。经检验证明工程质量符合合同要求的，由发包人承担由此增加的费用和(或)工期延误，并支付承包人合理的利润；经检验证明工程质量不符合合同要求的，由此增加的费用和(或)工期延误由承包人承担。

13.5.4 承包人私自覆盖

承包人未通知监理人到场检查，私自将工程隐蔽部位覆盖的，监理人有权指示承包人钻孔探测或揭开检验，由此增加的费用和(或)工期延误由承包人承担。

13.6 清除不合格工程

13.6.1 承包人使用不合格的材料、工程设备，或采用不适当的施工工艺，或施工不当，造成工程不合格的，监理人可以随时发出指示，要求承包人立即采取措施进行补救，直至达到合同要求的质量标准，由此增加的费用和(或)工期延误由承包人承担。

13.6.2 由于发包人提供的材料或工程设备不合格造成的工程不合格，需要承包人采取措施补救的，发包人应承担由此增加的费用和(或)工期延误，并支付承包人合理的利润。

14. 试验和检验

14.1 材料、工程设备和工程的试验和检验

14.1.1 承包人应按合同约定进行材料、工程设备和工程的试验和检验，并为监理人对上述材料、工程设备和工程的质量检查提供必要的试验资料和原始记录。按合同约定应由监理人与承包人共同进行试验和检验的，由承包人提供必要的试验资料和原始记录。

14.1.2 监理人未按合同约定派员参加试验和检验的，除监理人另有指示外，承包人可自行试验和检验，并应立即将试验和检验结果报送监理人，监理人应签字确认。

14.1.3 监理人对承包人的试验和检验结果有疑问的，或为查清承包人试验和检验结果的可靠性，要求承包人重新试验和检验的，可按合同约定由监理人与承包人共同进行。重新试验和检验的结果证明该项材料、工程设备和工程质量不符合合同要求的，由此增加的费用和(或)工期延误由承包人承担；重新试验和检验的结果证明该项材料、工程设备和工程质量符合合同要求的，由发包人承担由此增加的费用和(或)工期延误，并支付承包人合理的利润。

14.2 现场材料试验

14.2.1 承包人根据合同约定或监理人指示进行的现场材料试验，应由承包人提供试验场所，试验人员、试验设备器材以及其他必要的试验条件。

14.2.2 监理人在必要时可以使用承包人的试验场所、试验设备器材以及其他必要的试验条件，进行以工程质量检查为目的的复核性材料试验，承包人应予以协助。

14.3 现场工艺试验

承包人根据合同约定或监理人指示进行的现场工艺试验。对大型的现场工艺试验，监理人认为必要时，应由承包人根据监理人提出的工艺试验要求，编制工艺试验措施计划，报送监理人审批。

15. 变更

15.1 变更的范围和内容

除专用合同条款另有约定外，在履行合同中发生以下情形之一，应按照本规定进行变更：

(1)取消合同中任何一项工作，但被取消的工作，不能转由发包人或其他人实施；

(2)改变合同中任何一项工作的质量或其他特性；

(3)改变合同工程的基线、标高、位置或尺寸；

(4)改变合同中任何一项工作时间或改变已批准的施工工艺或顺序；

(5)为完成工程需要追加的额外工作。

15.2 变更权

在履行合同过程中，经发包人同意，监理人可按第 15.3 款约定的变更顺序向承包人作出变更指示，承包人应遵照执行。没有监理人的变更指示，承包人不得擅自变更。

15.3 变更程序

15.3.1 变更的提出

(1)在履行合同过程中，可能发生第 15.1 款约定的情形监理人可向承包人发出变更意向书。变更意向书应说明变更的具体内容和发包人对变更的时间要求，并附必要的图纸和相关资料。变更意向书应要求承包人提交包括拟实施工作计划、措施和竣工时间等内容的实施方案。发包人同意承包人根据变更意向书要求提交的变更实施方案的，由监理人按第 15.3.3 项约定发出变更指示。

(2)在履行合同过程中，发生第 15.1 款约定情形的，监理人应按照第 15.3.3 项约定向承包人发出变更指示。

(3)承包人收到监理人按合同约定发出的图纸和文件，经检查认为其中存在第 15.1 款约定情形的，可向监理人提出书面变更建议。变更建议应阐明要求变更的依据，并附必要的图纸和说明。监理人收到承包人书面建议后，应与发包人共同研究，确认存在变更的，应在收到承包人书面建议后的 14 天内作出变更指示。经研究后不同意作为变更的，应由监理人书面答复承包人。

(4)若承包人收到监理人的变更意向书后认为难以实施此项变更，应立即通知监理人，说明原因并附详细依据。监理人与承包人和发包人协商后确定撤销、改变或不改变原变更意向书。

15.3.2 变更估价

(1)除专用合同条款对期限另有约定外，承包人在收到变更指示或变更意向书后的 14 天内，向监理人提交变更报价书，报价内容应根据第 15.4 约定的估计原则，详细开列变更工作的价格组成及其依据，并附必要的施工方法说明和有关图纸。

(2)变更工作影响工期的，承包人应提出调整工期的具体细节。监理人认为有必要时，可要求承包人提交要求提前或延长工期的施工进度计划及相应施工措施等详细资料。

(3)除专用合同条款对期限另有约定外，承包人收到承包人变更报价后的14 天内，根据第 15.4 款约定的估计原则，按照第 3.5 款商定或确定变更价格。

15.3.3 变更指示

(1)变更指示只能由监理人发出。

(2)变更指示应说明变更的目的、范围、变更内容以及变更的工程量及其进度和技术要求，并附有关图纸和文件。承包人收到变更指示后，应按变更指示进行变更工作。

15.4 变更的估计原则

除专用合同条款另有约定外，因变更引起的价格调整按照本款约定处理。

15.4.1 已标价工程量清单中有适用于变更工作的子目的，采用该子目的单价。

15.4.2 已标价工程量清单中无适用于变更工作的子目，但有类似子目的，可在合理范围内参照类似子目的单价，由监理人按第 3.5 款商定或确定变更工作的单价。

15.4.3 已标价工程量清单中无适用于或类似子目的单价，可按照成本加利润的原则，由监理人按第 3.5 款商定或确定变更工作的单价。

15.5 承包人的合理化建议

15.5.1 在履行合同过程中，承包人对发包人提供的图纸、技术要求以及其他方面提出的合理化建议，应以书面形式提交监理人。合理化建议的内容应包括建议工作的详细说明、进度计划和效益以及其他工作的调整等，并附必要的设计文件。监理人应与发包人协商是否采纳建议。建议被采纳并构成变更的，应按第 15.3.3 项约定向承包人发出变更指示。

15.5.2 承包人提出的合理化建议降低了合同价格、缩短了工期或者提高了工程的经济效益的，发包人可按国家有关规定在专用合同条款中约定给予奖励。

15.6 暂列金额

暂列金额只能按照监理人的指示使用，并对合同价格进行相应调整。

15.7 计日工

15.7.1 发包人认为有必要时，由监理人通知承包人以计日工方式实施变更的零星工作。其价格按列入已标价工程量清单中的计日工计价子目及其单价进行计算。

15.7.2 采用计日工计价的任何一项变更工作，应从暂列金额中支付，承包人应在该项变更的实施工程中，每天提交以下报表和有关凭证报送监理人审批：

(1)工作名称、内容和数量；

(2)投入该工作所有人员的姓名、工种、级别和耗用工时；

(3)投入该工作的材料类别和数量；

(4)投入该工作的施工设备型号、台数和耗用台时；

(5)监理人要求提交的其他资料和凭证。

15.7.3 计日工由承包人汇总后，按第 17.3.2 的约定列入进度付款申请单，由监理人复核并经发包人同意后列入进度付款。

15.8 暂估价

15.8.1 发包人在工程量清单中给定暂估价的材料、工程设备和专业工程属于依法必须招标的范围并达到规定的规模标准的，由发包人和承包人以招标的方式选择供应商或分包人。发包人和承包人的权利义务关系在专用合同条款中约定。中标金额与工程量清单中所列的暂估价的金额差以及相应的税金等其他费用列入合同价格。

15.8.2 发包人在工程量清单中给定暂估价的材料和工程设备不属于依法必须招标的范围或未达到规定的规模标准的，应由承包人按第 5.1 款的约定提供。经监理人确认的材料、工程设备的价格与工程量清单中所列的暂估价的金额差以及相应的税金等其他费用列入合同价格。

15.8.3 发包人在工程量清单中给定暂估价的专业工程不属于依法必须招标的范围或未达到规定的规模标准的，由监理人按照第 15.4 款进行估计，但专用合同条款另有约定的除外。经估计的专业工程与工程量清单中所列的暂估价的金额差以及相应的税金等其他费用列入合同价格。

16. 价格调整

16.1 物价波动引起的价格调整

因除专用合同条款另有约定外，物价波动引起的价格调整按照本款约定处理。

16.1.1 采用价格指数调整价格差价

16.1.1.1 价格调整公式

因人工、材料和设备等价格波动应向合同价格时，根据投标函附录中的价格指数和权重表约定的数据，按一下公式计算差额并调整合同价格。

$$\Delta P=P_0[A+(B_1\times F_{t_1}/F_{01}+B_2\times F_{t_2}/F_{02}+B_3\times F_{t3}/F_{03}+\cdots+B_n\times F_{1n}/F_{0n})-1]$$

式中：ΔP——需调整的价格差价

P_0——第 17.3.3 项、第 17.5.2 项和第 17.6.2 项约定的付款证书中应得到的已完成工程量的金额。此项金额应不包括价格调整、不计质量保证金的扣留和支付、预付款的支付和扣回。第 15 条约定的变更及其他金额已按现行价格计价的，也不计在内；

A——定值权重(即不调部分的权重)

B_1，B_2，B_3，…，B_n——各可调因子的变值权重(即可调整部分的权重)为各可调因子在投标函投标总报价中所占的比例。

F_{t_1}，F_{t_2}…，F_{tn}—各可调因子的现行价格指数，指第 17.3.3 项、第 17.5.2 项和第 17.6.2 项约定的付款证书相关周期最后一天的前 42 天的可调因子的价格指数。

F_{01}，F_{02}，…，F_{0n}—各可调因子的基本价格指数，指基准日期的各可调因子的价格指数。以上价格调整公式中的可调因子、定值和变值权重，以及基本价格指数及其来源在投标函附录价格指数和权重表中约定。价格指数应先采用有关部门提供的价格指数，缺乏上述价格指数时，可采用有关部门提供的价格代替。

16.1.1.2 暂时确定调整差价

在计算调整差价时得不到现行价格指数的，可暂用上一次价格指数计算，并在以后的付款中再按实际价格指数进行调整。

16.1.1.3 权重的调整

按第 15.1 款约定的变更导致原合同中的权重不合理时，由监理人与承包人和发包人协商后进行调整。

16.1.1.4 承包人工期延误后的价格调整

由于承包人原因未在约定的工期内竣工的，则对原约定竣工日期后继续施工的工程，在使用第 16.1.1.1 目价格调整公式时，应采用原约定竣工日期的两个价格指数中较低的一个作为现行价格指数。

16.1.2 采用造价信息调整价格差额

施工期内，因人工、材料、设备和机械台班价格波动影响合同价格时，人工、机械使用费按照国家或省、自治区、直辖市建设行政管理部门、行业建设管理部门或其授权的工程造价管理机构发布的人工成本信息，机械台班单价或机械使用费系数进行调整；需要进行价格调整的材料、其单价和采购数应由监理人复核，监理人确认需调整的材料单价及数量，作为调整工程合同价格差价的依据。

16.2 法律变化引起的价格调整

在基准日后，因法律变化导致承包人在合同履行中所需要的工程费用发生除第16.1款约定以外的增减时，监理人应根据法律、国家或省、自治区、直辖市有关部门的规定，按第3.5款商定或确定需要调整的合同价款。

17. 计量与支付

17.1 计量

17.1.1 计量单位

计量采用国家法定的计量单位。

17.1.2 计量方法

工程量确定中的工程量计算规则应按有关国家标准、行业标准的规定，并在合同中约定执行。

17.1.3 计量周期

除专用合同条款另有约定外，单价子目已完成工程量按月计量，总价子目的计量周期按批准的支付分解报告确定。

17.1.4 单价子目的计量

(1)已标价工程量清单中的单价子目工程量为估算工程量。结算工程量是承包人实际完成的，并按合同约定的计量方法进行计量的工程量。

(2)承包人对已完成的过程进行计量，向监理人提交进度付款申请单、已完成工程量报表和有关计量资料。

(3)监理人对承包人提交的工程量报表进行复核，以确定实际完成的工程量。对数量有异议的，可要求承包人按第8.2款约定进行共同复核和抽样复测。承包人应协助监理人进行复核并按监理人要求提供补充计量资料。承包人未按监理人要求参加复核，监理人复核或修正的工程量视为承包人实际完成的工程量。

(4)监理人认为有必要时，可通知承包人共同进行联合测量、计量，承包人因应遵照执行。

(5)承包人完成工程量清单中每个子目的工程量后，监理人应要求承包人派员共同对每个子目的历次计量报表进行汇总，以核实最终结算工程量。监理人可能要求承包人提供补充计量资料，以确定最后一次进行付款的准确工程量。承包人未按监理人要求派员参加的，监理人最终核实的工程量视为承包人完成该子目的准确工程量。

(6)监理人应在收到承包人提交的工程量报表后的7天内进行复核，监理人未在约定时间内复核的，承包人提交的工程量报表中工程量视为承包人实际完成的工程量，据此计算工程价款。

17.1.5 总价子目计量

除专用合同条款另有约定外，总价子目的分解和计量按照下述约定进行。

(1)总价子目计量和支付应以总价为基础，不因第16.1款中的因素而进行调整。承包人实际完成的工程量，是进行工程目标管理和控制进度支付的依据。

(2)承包人在合同约定的每个计量周期内，对已完成的工程进行计量，并向监理人提交进度付款申请单、专用合同条款约定的合同总价支付分解表所表示的阶段性或分项计量的支持性资料，以及所达到的工程形象目标或分阶段需完成的工程量和有关计量资料。

(3)监理人对承包人提交的上述资料进行复核，以确定分阶段实际完成的工程量和工程形象目标。对其有异议的，可要求承包人按第8.2款约定进行共同复核和抽样复测。

(4)除按照第15条约定的变更外，总价子目的工程量是承包人用于结算的最终工程量。

17.2 预付款

17.2.1 预付款

预付款用于承包人为合同工程施工购置材料、工程设备、施工设备、修建临时设施以及组织施工队伍进场等。预付款的额度和预付办法在专用合同条款约定。预付款必须专用于合同工程。

17.2.2 预付款保函

除专用合同条款另有约定外，承包人应在收到预付款的同时提交预付款保函，预付款保函的担保金额应与预付款金额相同。保函的担保金额可根据预付款扣回的金额相应递减。

17.2.3 预付款的扣回与还清

预付款在进度付款中扣回，扣回的办法在专用合同条款中约定。在颁发工程接收证书前，由于不可抗力或其他原因解除合同时，预付款尚未扣清的，尚未扣清的预付款金额应作为承包人的到期应付款。

17.3 工程进度付款

17.3.1 付款周期

付款周期同计量周期。

17.3.2 进度付款申请单

承包人应在每个付款周期末，按监理人批准的格式和专用合同条款约定的份数，向监理人提交进度付款申请单，并附相应的支持性证明文件。除专用合同条款另有约定外，进度付款申请单应包括下列内容：

(1)截至本次付款周期末已实施工程的价款；

(2)根据第15条应增加和变更的金额；

(3)根据第23条应增加和索赔的金额；

(4)根据第17.2款约定应支付的预付款和扣减的返还预付款；

(5)根据第17.4.1项约定应扣减的质量保证金；

(6)根据合同应增加和扣减的其他金额。

17.3.3 进度付款证书和支付时间

(1)监理人在收到承包人进度付款申请单以及相应的支持性文件后的14天内完成核查提出发包人到期应支付给承包人的金额以及相应的支持性材料，经发包人核查同意后，由监理人向承包人出具经发包人签认的进度付款证书。监理人有权扣发承包人未能按照合同要求履行任何工作和义务的相应金额。

(2)发包人应在监理人收到进度付款申请单后的28天内，将进度应付款支付给承包人。发包人不按期支付的，按专用合同条款的约定支付逾期付款违约金。

(3)监理人出具进度付款证书，不应视为监理人已经同意、批准或接受承包人已经完成了该部分工作。

(4)进度付款涉及政府投资金额的，按照国库集中支付等国家相关规定和专用合同条款的约定办理。

17.3.4 工程进度付款的修正

在对以往历次已签发的进度付款证书进行汇总和复核中发现错、漏或重复的，监理人有权予以修正，承包人也有权提出修正申请。经双方复核同意的修正，应在本次进度付款中支付或扣除。

17.4 质量保证金

17.4.1 监理人应从第一个付款周期开始，在发包人的进度付款中，按专用合同条款的约定扣留质量保证金，直至扣留的保证金总额达到专用合同条款约定的金额或比例为止。质量保证金的计算额度不包括预付款的支付、扣回以及价格调整的金额。

17.4.2 在第1.1.4.5目约定的缺陷责任期满时，承包人向发包人申请到期应返还承包人剩余的质量保证金金额，发包人应在14天内会同承包人按照会同约定的内容核实承包人是否完成缺陷责任。如无异议，发包人应当在核实后将剩余保证金返还承包人。

17.4.3 在第1.1.4.5目约定的缺陷责任期满时，承包人没有完成缺陷责任，发包人有权扣留与为履行责任剩余工作所需金额相应的质量保证金余额，并有权根据第19.3款约定要求延长缺陷责任期，直至完成剩余工作为止。

17.5 竣工结算

17.5.1 竣工付款申请单

(1)工程接收证书颁发后，承包人应按专用合同条款约定的份数和期限，向监理人提交竣工付款申请单，并提供相关证明材料。除专用合同条款另有约定外，竣工付款申请单应包括下列内容：竣工结算合同总价、发包人已支付承包人的工程价款、应扣留的质量保证金、应支付的竣工付款金额。

(2)监理人对竣工付款申请单有异议的，有权要求承包人进行修正和提供补充资料。监理人和承包人协商后，有承包人向监理人提交修正后的竣工付款申请单。

17.5.2 竣工付款证书及支付时间

(1)监理人在收到承包人提交的竣工付款申请单后的14天内完成核查，提出发包人到期应支付给承包人的价款送发包人审核并抄送承包人。发包人应在收到后14天内审核完毕，由监理人向承包人出具经发包人签认的竣工付款证书。监理人未在约定时间内核查，又未提出具体意见的，视为承包人提交的竣工付款申请单已经监理人核查同意；发包人未在约定时间内审核又未提出具体意见的，监理人提出发包人到期应支付给承包人的价款视为已经发包人同意。

(2)发包人应在监理人出具竣工付款证书后的14天内，将应支付款支付给承包人。发包人不按期支付的，按第17.3.3(2)目的约定，将逾期付款违约金支付给承包人。

(3)承包人对发包人签发的竣工付款证书有异议的，发包人可出具付款申请单中承包人已同意部分的临时付款证书。存在争议的部分，按第24条约定办理。

(4)竣工付款涉及政府投资金额的，按第17.3.3(4)目的约定办理。

17.6 最终结清

17.6.1 最终结清申请单

(1)缺陷责任期终止证书签发后，承包人可按专用合同条款约定的份数和期限，向监理人提最终结清申请单，并提供相关证明材料。

(2)发包人对最终结清申请单内容有异议的，有权要求承包人进行修正和提供补充资料，由承包人向监理人修正后的最终结清申请单。

17.6.2 最终结清证书和支付时间

(1)监理人在收到承包人提交的最终结清申请单后的14天内，提出发包人应支付给承包人的价款送发包人审核并抄送承包人。发包人应在收到后14天内审核完毕，由监理人向承包人出具经发包人签认的最终结清证书。监理人未在约定时间内核查，又未提出具体意见的，视为承包人提交的最终结清申请已经监理人核查同意；发包人未在约定时间内审核又未提出具体意见的，监理人提出应支付给承包人的价款视为已经发包人同意。

(2)发包人应在监理人出具最终结清证书后的14天内，将应支付款支付给承包人。发包人不按期支付的，按第17.3.3(2)目的约定，将逾期付款违约金支付给承包人。

(3)承包人对发包人签发的最终结清证书有异议的，按第24条约定办理。

(4)最终结清付款涉及政府投资金额的，按第17.3.3(4)目的约定办理。

18. 竣工验收

18.1 竣工验收含义

18.1.1 竣工验收是指承包人完成了全部合同工作后，发包人按合同要求进行的验收。

18.1.2 国家验收是政府有关部门根据法律、规范、规程和政策要求，针对分包人全面组织实施的整个工程正式交付投入运营前的验收。

18.1.3 需要进行国家验收的，竣工验收是国家验收的一部分。竣工验收所采用的各项验收和评定标准应符合国家验收标准。发包人和承包人为竣工验收提供的各项验收资料应符合国家验收的要求。

18.2 竣工验收申请报告

当工程具备以下条件时，承包人即可向监理人报送竣工验收申请报告：

(1)除监理人同意列入责任期内完成的尾工(甩项)工程和缺陷修补工作外，合同范围内的全部单位工程以及有关工作，包括合同要求的试验和验收均已完成，并符合合同要求；

(2)已按合同约定的内容和份数备齐了符合要求的竣工资料；

(3)已按监理人的要求编制了在缺陷责任期内完成的尾工(甩工)工程和缺陷修补工作清单以及相应施工计划；

(4)监理人要求在竣工验收前应完成的其他工作；

(5)监理人要求提交的竣工验收资料清单。

18.3 验收

监理人收到承包人按第18.2款约定提交的竣工验收申请报告后，应审查申请报告的各项内容，并按以下不同情况进行处理。

18.3.1 监理人审查后认为尚不具备竣工验收条件的，应在收到竣工验收申请报告后的28天内通知承包人，指出在颁发接收证书前承包人还需进行的工作内容。承包人完成监理人通知的全部工作内容后，应再次提交的竣工验收申请报告，直至监理人同意为止。

18.3.2 监理人审查后认为已具备竣工验收条件的，应在收到竣工验收申请报告后的28天内提请发包人进行工程验收。

18.3.3 发包人经过验收后同意接收工程的，应在监理人收到竣工验收申请报告后的56天内，由监理人向承包人出具经发包人签认的工程接收证书。发包人验收后同意接收工程但提出修整和完善要求的，限期修好，并缓发工程接收证书。修整和完善工作完成后，监理人复查达到要求的，经发包人同意后，再向承包人出具工程接收证书。

18.3.4 发包人验收后不同意接收工程的，监理人应按照发包人的验收意见发出指示，要求承包人对不合格工程认真返工重做或进行补救处理，并承担由此产生的费用。承包人在完成不合格工程的返工重做或进行补救工作后，应重新提交竣工验收申请报告，按第18.3.1项、第18.3.2项和第18.3.3项的约定处理。

18.3.5 除专用合同条款另有约定外，经验收合格工程的实际竣工日期，以提交竣工验收申请报告的日期为准，并在工程接收证书中写明。

18.3.6 发包人在收到承包人竣工验收申请报告56天后未进行验收的，视为验收合格，实际竣工日期以提交竣工验收申请报告的日期为准，但发包人由于不可抗力不能进行验收的除外。

18.4 单位工程验收

18.4.1 发包人根据合同进度计划安排，在全部工程竣工前需要使用已经竣工的单位工程时，或承包人提出经发包人同意时，可进行单位工程验收。验收的程序可参照第18.2款与第18.3款的约定进行。验收合格后，由监理人向承包人出具经发包人签认的单位工程验收证书。已签发单位工程验收证书的单位工程由发包人负责照管。单位工程验收成果和结论作为全部工程验收申请报告的附件。

18.4.2 发包人在全部工程竣工前，使用已接收的单位工程导致承包人费用增加的，发包人应承担由此增加的费用和(或)工期延误，并支付承包人合理利润。

18.5 施工期运行

18.5.1 施工期运行是指合同工程尚未全部竣工，其中某项或某几项单位工程或工程设备安装已竣工，根据专用合同条款约定，需要投入施工期运行的，经发包人按第18.4款的约定验收合格，证明能确保安全后，才能在施工期投入运行。

18.5.2 在施工期运行中，发现工程或工程设备损坏或存在缺陷的，由承包人按第19.2款约定进行修复。

18.6 试运行

18.6.1 除专用合同条款另有约定外，承包人按专用合同条款约定进行工程及工程设备的试运行，负责提供试运行所需人员、器材和必要的条件，并承担全部试运行的费用。

18.6.2 由于承包人的原因导致试运行失败的，承包人应采取措施保证试运行合格，并承担相应费用。由于发包人的原因导致试运行失败的，承包人应采取措施保证试运行合格，发包人应承担由此产生的费用，并支付承包人合理利润。

18.7 竣工清场

18.7.1 除合同另有约定外，工程接收证书颁发后，承包人应按以下要求对施工场地进行清理，直至监理人检验合格为止。竣工清场费用由承包人承担。

(1)施工场地内残留的垃圾已全部清除出场；

(2)临时工程已拆除，场地已按合同要求进行清理、平整或复原；

(3)按合同约定应撤离的承包人设备和剩余的材料，包括废弃的施工设备和材料。已按计划撤离施工场地；

(4)工程建筑物周边及其附近道路、河道的施工堆积物，已按监理人指示全部清理。

(5)监理人指示的其他场地清理工作已全部完成。

18.7.2 承包人未按监理人的要求恢复临时占地、或者场地清理未达到合同约定的，发包人有权委托其他人恢复或清理，所发生的金额从拟支付给承包人的款项中扣除。

18.8 施工队伍的撤离

工程接收证书颁发的56天内，除了经监理人同意需在缺陷责任期内继续工作和使用的人员、施工设施和临时工程外，其余的人员、施工设备和临时工程均应撤离施工场地或拆除。除合同另有约定外，缺陷责任期满时，承包人的人员和施工设备应全部撤离施工场地。

19. 缺陷责任与保修责任

19.1 缺陷责任期的起算时间

缺陷责任期自实际竣工日期起计算。在全部工程竣工验收前，已经发包人提前验收的单位工程，其缺陷责任期的起算日期相应提前。

19.2 缺陷责任

19.2.1 承包人应在缺陷责任期内对已交付使用的工程承担缺陷责任。

19.2.2 缺陷责任期内，发包人对已接收使用的工程负责日常维护工作。发包人在使用过程中，发现已接收的过程存在新的缺陷或已修复的缺陷部位或部件又遭损坏的，承包人应负责修复，直至检验合格为止。

19.2.3 监理人和承包人应共同查清缺陷和(或)损坏的原因。经查明属承包人原因造成的，应由承包人承担修复和查验的费用。经查验属发包人原因造成的，发包人应承担修复和查验的费用，并支付承包人合理的利润。

19.2.4 承包人不能在合理时间内修复缺陷的，发包人可自行修复或委托其他人修复，所需费用和利润的承担，按第 19.2.3 项约定处理。

19.3 缺陷责任期延长

由于承包人原因造成某项缺陷或损坏使某项工程或工程设备不能按原定目标使用而需要再次检查、检验和修复的，发包人有权要求承包人相应延长缺陷责任期，但缺陷责任期最长不超过 2 年。

19.4 进一步试验和试运行

任何一项缺陷或损坏修复后，经检查证明其影响了工程或工程设备的使用性能，承包人应重新进行合同约定的试验和试运行，试验和试运行的全部费用由责任方承担。

19.5 承包人的进入权

缺陷责任期内承包人为缺陷修复工作需要，有权进入工程现场，但应遵守发包人的保安和保密规定。

19.6 缺陷责任期终止证书

在第 1.1.4.5 目约定的缺陷责任期，包括根据第 19.3 款延长的期限终止后 14 天内，由监理人向承包人出具经发包人签认的缺陷责任期终止证书，并退还剩余的质量保证金。

19.7 保修责任

合同当事人根据有关法律规定，在专用合同条款中约定工程质量保修范围、期限和责任。保修期自实际竣工日期起计算。在全部工程竣工验收前，已经发包人提前验收的单位工程，其保修期的起算日期相应提前。

20. 保险

20.1 工程保险

除专用合同条款另有约定外，承包人应以发包人和承包人的共同名义向双方同意的保险人投保建筑工程一切险、安装工程一切险。其具体的投保内容、保险金额、保险费率、保险期限等有关内容在专用合同条款中约定。

20.2 人员工伤事故保险

20.2.1 承包人员工伤事故保险

承包人按照有关规定参加工伤保险，为其现场机构雇佣的全部人员缴纳工伤保险费，并要求监理人也进行此项保险。

20.3 人身意外伤害

20.3.1 发包人应在整个施工期间为其现场机构雇佣的全部人员，投保人身意外伤害，缴纳保险费，并要求其监理人也进行此项保险。

20.3.2 承包人应在整个施工期间为其现场机构雇佣的全部人员，投保人身意外伤害，缴纳保险费，并要求其分包人也进行此项保险。

20.4 第三者责任险

20.4.1 第三者责任系指在保险期内，对因工程意外事故造成的、依法应由被保险人负责的工地上及毗邻地区的第三者人身伤亡、疾病或财产损失(本工程除外)，以及被保险人因此而支付的诉讼费用和事先经保险人书面同意支付的其他费用等赔偿责任。

20.4.2

在缺陷责任期终止证书颁发前，承包人应以承包人和发包人的共同名义，投保第20.4.1款约定的第三者责任险，其保险费率、保险金额等有关内容在专用合同条款中约定。

20.5 其他保险

除专用合同条款另有约定外，承包人应为其施工设备、进场材料和工程设备等办理保险。

20.6 对各项保险的一般要求

20.6.1 保险凭证

承包人应在专用合同条款约定的期限内向发包人提交各项保险生效的证据和保险单副本，保险单必须与专用合同条款约定的条件保持一致。

20.6.2 保险合同条款的变动

承包人需要变动保险合同条款时，应事先征得发包人同意，并通知监理人。保险人作出变动的，承包人应在收到保险人通知后立即通知发包人和监理人。

20.6.3 持续保险

承包人应与保险人保持联系，使保险人能够随时了解工程实施中的变动，并确保按保险合同条款要求持续保险。

20.6.4 保险金不足的补偿

保险金不足以补偿损失的，应由承包人和(或)发包人按合同约定负责补偿。

20.6.5 未按约定投标的补救

(1)由于负有投标义务的一方当事人未按合同约定办理保险，或未能使保险持续有效的，另一方当事人可代为办理，所需费用由对方当事人承担。

(2)由于负有投标义务的一方当事人未按合同约定办理此项保险，导致受益人未能得到保险人的赔偿，原应从该项保险得到的保险金应由负有投标义务的一方当事人支付。

20.6.6 报告义务

当保险事故发生时，投标人应按保险单规定的条件和期限及时向保险人报告。

21. 不可抗力

21.1 不可抗力的确认

21.1.1

不可抗力是指承包人和发包人在订立合同时不可预见，在工程施工过程中不可避免发生并不能克服的自然灾害和社会性突发事件，如地震、海啸、瘟疫、水灾、骚乱、暴动、战争和专用合同条款约定的其他情形。

21.1.2

不可抗力发生后，发包人和承包人应及时认真统计所造成的损失，收集不可抗力造成损失的证据。合同双方对是否属于不可抗力或其损失的意见不一致的，由监理人按第3.5款商定或确定。发生争议时，按第24条约定办理。

21.2 不可抗力的通知

21.2.1 合同一方当事人遇到不可抗力事件，使其履行合同的义务受到阻碍时，应立即通知合同另一方当事人和监理人，书面说明不可抗力和受阻碍的详细情况，并提供必要的证明。

21.2.2 如不可抗力持续发生，合同一方当事人应及时向合同另一方当事人和监理人提交中间报告，说明说明不可抗力和履行合同受阻的情况，并于不可抗力事件结束后 28 天内提交最终报告及有关资料。

21.3 不可抗力后果及其处理

21.3.1 不可抗力造成损失的责任

除专用合同条款另有约定外，不可抗力导致的人员伤亡、财产损失、费用增加和(或)工期延误等后果，由合同双方按以下原则承担：

(1)永久工程，包括已运至施工场地的材料和工程设备的损害，以及因工程损害造成的第三者伤亡和财产损失由发包人承担；

(2)承包人设备的损坏由承包人承担；

(3)发包人和承包人各自承担其人员伤亡和其他财产损失及其相关费用；

(4)承包人的停工损失由承包人承担，但停工期间应监理人要求照管工程和清理、修复工程的金额由发包人承担；

(5)不能按期竣工的，应合理延长工期，承包人不需支付逾期竣工违约金。发包人要求赶工的，承包人应采取赶工措施，赶工费用由发包人承担。

21.3.2 延迟履行期间发生的不可抗力

合同一方当事人延迟履行，在延长履行期间发生不可抗力的，不免除其责任。

21.3.3 避免和减少不可抗力损失

不可抗力发生后，发包人和承包人均应采取措施尽量避免和减少损失的扩大，任何一方没有采取有效措施导致损失扩大的，应对扩大的损失承担责任。

21.3.4 因不可抗力解除合同

合同一方当事人因不可抗力不能履行合同的，应当及时通知对方解除合同。合同解除后，承包人应按照第 22.2.5 项约定撤离施工场地。已经订货的材料、设备由订货方负责退货或解除订货合同，不能退还的货款或因退货、解除订货合同发生的费用由发包人承担，因未及时退货造成的损失由责任方承担。合同解除后的付款，参照第 22.2.4 项约定，由监理人按照第 3.5 款商定或确定。

22. 违约

22.1 承包人违约

22.1.1 承包人违约的情形

在履行合同过程中发生的下列情况属于承包人违约：

(1)承包人违反第 1.8 款或第 4.3 款的约定，私自将合同的全部或部分权利转让给其他人，或私自将合同的全部或部分义务转移给其他人；

(2)承包人违反第 5.3 款或第 6.4 款的约定，未经监理人批准，私自将已按合同约定进入施工场地的施工设备、临时设施或材料撤离施工场地；

(3)承包人违反第5.4款约定使用了不合格材料或工程设备、工程质量达不到标准要求，又拒绝清除不合格工程；

(4)承包人未能按合同进度计划及时完成合同约定的工作，已造成或预期造成工期延误；

(5)承包人在缺陷责任期内，未能对工程接收证书所列的缺陷清单的内容或缺陷责任期内发生的缺陷进行修复，而又拒绝按监理人指示再进行修补；

(6)承包人无法继续履行合同或明确表示不履行或实质上已经停止履行合同；

(7)承包人不按合同约定履行义务的其他情况。

22.1.2 对承包人违约的处理

(1)承包人发生第22.2.1(6)目约定的违约情况时，发包人可通知承包人立即解除合同，并按有关法律处理。

(2)承包人发生第22.1.1目约定以外的其他违约情况时，监理人可向承包人发出整改通知，要求其在规定的期限内改正。承包人应承担其违约所引起的费用增加和(或)工期延误。

(3)经检查证明承包人已采取了有效措施纠正违约行为，具备复工条件的，可由监理人签发复工通知复工。

22.1.3 承包人违约的解除

监理人发出整改通知28天后，承包人仍不纠正违约行为的，发包人可向承包人发出解除合同通知。合同解除后，发包人可派员进驻施工场地，另行组织人员或委派其他承包人施工。发包人因继续完成该工程的需要，有权扣留使用承包人在现场的材料、设备和临时设施。但发包人的这一行为不免除承包人应承担的违约责任，也不影响发包人根据合同约定享有的索赔权利。

22.1.4 合同解除后的估计、付款和结清

(1)合同解除后，监理人按第3.5款商定或确定承包人实际完成工作的价值，以及承包人已提供的材料、施工设备、工程设备和临时工程等价值。

(2)合同解除后，发包人应暂停对承包人的一切付款，查清各项付款和已扣款的金额，包括承包人应支付的违约金。

(3)合同解除后，发包人应按第23.4款的约定向承包人索赔由于解除合同给发包人造成的损失。

(4)合同双方确认上述往来款项后，出具最终结清付款证书，结清全部合同款项。

(5)发包人和承包人未能就解除合同后的结清达成一致而形成争议的，按第24条约定处理。

22.1.5 协议利益的转让

因承包人违约解除合同的，发包人有权要求承包人将其为实施合同而签订的材料和设备的订货协议或任何服务协议利益转让给发包人，并在解除合同后的14天内，依法办理转让手续。

22.1.6 紧急情况下无能力或不愿进行抢救

在工程实施期间或缺陷责任期内发生危及工程安全的事件，监理人通知承包人进行抢救，承包人声明无能力或不愿立即执行的，发包人有权雇佣其他人进行抢救。此类抢救按合同约定属于承包人义务的，由此发生的费用增加和(或)工期延误由承包人承担。

22.2 发包人违约

22.2.1 发包人违约的情形：

在履行合同过程中发生的下列情形，属于发包人违约：

(1)发包人未能按合同约定支付预付款或合同价款，或拖延、拒绝批准付款申请和支付凭证，导致付款延误的；

(2)发包人原因造成停工的；

(3)监理人无正当理由没有在约定期限内发出复工指示，导致承包人无法复工的；

(4)发包人无法继续履行或明确表示不履行或实质上已停止履行合同；

(5)发包人不履行合同约定的其他业务的。

22.2.2 承包人有权暂停施工

发包人发生第22.2.1(4)目以外的违约情况时，承包人可向发包人发出通知，要求发包人采取有效措施纠正违约行为。发包人收到承包人通知后的28天内仍不履行合同义务，承包人有权暂停施工，并通知监理人，发包人应承担由此增加的费用和(或)工期延误，并支付承包人合理的利润

22.2.3 发包人违约解除合同

(1)发生第22.2.1(4)目的违约情况时，承包人可书面通知发包人解除合同。

(2)承包人按第22.2.2项暂停施工28天后，发包人仍不纠正违约责任的承包人可向发包人发出解除合同通知，但承包人这一行为不免除发包人承担的违约责任，也不影响承包人根据合同约定享有的索赔权利。

22.2.4 解除合同后的付款

因发包人违约解除合同的，发包人应在解除合同后28天内向承包人支付下列金额，承包人应在此期限内及时向发包人提交要求支付下列金额的有关资料和凭证：

(1)合同解除日以前所完成工作的价款；

(2)承包人为该工程施工订购并已付款的材料、工程设备和其他物品的金额。发包人付还后，该材料、工程设备和其他物品归发包人所有。

(3)承包人为完成工程所发生的，而发包人未支付的金额；

(4)承包人撤离施工场地以及遣散承包人人员的金额

(5)由于解除合同应赔偿的承包人损失；

(6)按合同约定在合同解除日前应支付给承包人的其他金额。

发包人应按本约定支付上述金额并退还质量保证金和履约担保，但有权要求承包人支付应偿还给发包人的各项金额。

22.2.5 解除合同后承包人的撤离

因发包人违约解除合同后，承包人应妥善做好已竣工工程和已购材料、设备的保护

和移交工作，按发包人要求将承包人的设备和人员撤离施工场地。承包人撤出施工场地应遵守第 18.7.1 项的约定，发包人应为承包人撤出提供必要条件。

22.3 第三人造成的违约

在履行合同过程中，一方当事人因第三人原因造成违约的，应当向对方当事人承担违约责任。一方当事人和第三人之间的纠纷，依照法律规定或者按照约定解决。

23. 索赔

23.1 承包人索赔提出

根据合同约定，承包人认为有权得到追加付款和(或)延长工期的，应按以下程序向发包人提出索赔：

(1)承包人应在知道或应当知道索赔事件发生后 28 天内，向监理人递交索赔意向通知书，并说明发生索赔事件的事由。承包人未在 28 天内发出索赔意向通知书的，丧失要求追加付款和(或)延长工期的权利；

(2)承包人应在发出索赔意向通知书后 28 天内，向监理人正式递交索赔通知书。索赔通知书应详细说明索赔理由以及要求追加付款和(或)延长工期，并附必要的记录和证明材料；

(3)索赔事件具有连续影响的，承包人应按合同时间间隔继续递交延续索赔通知，说明连续影响的实际情况和记录，列出累计的追加金额和(或)工期延长天数；

(4)在索赔事件结束后的 28 天内，承包人应向监理人递交最终索赔通知书，说明最终要求索赔的追加付款金额和(或)延长的工期，并附必要的记录和证明材料；

23.2 承包人索赔处理程序

(1)监理人收到承包人提交的索赔通知书后，应及时审查索赔通知书的内容、查验承包人的记录和证明材料，必要时监理人可要求承包人提交全部原始记录副本。

(2)监理人应按第 3.5 款商定或确定追加的付款和(或)延长的工期，并在收到上述索赔通知书或有关索赔的进一步证明材料后 42 天内，将索赔处理结果答复承包人。

(3)承包人接收索赔处理结果的，发包人应在作出索赔处理结果答复后 28 天内完成付款。承包人不接收索赔处理结果的，按第 24 条约定处理。

23.3 承包人提出索赔的期限

23.3.1 承包人按第 17.5 款的约定接受了竣工付款证书后，应被认为已无权再提出在合同工程接收证书颁发前所发生的任何索赔。

23.3.2 承包人按第 17.6 款的约定提交的最终结清申请单中，只限于提出工程接收证书颁发后发生的索赔。提出索赔的期限自接受最终结清证书时为止。

23.4 发包人索赔

23.4.1 发生索赔事件后，监理人应及时书面通知承包人，详细说明发包人有权得到的索赔金额和(或)延长缺陷责任期的细节和依据。发包人提出索赔的期限和要求与第 23.3 款的约定相同，延长缺陷责任期的通知应在缺陷责任期届满前发出。

23.4.2 监理人按第 3.5 款商定或确定发包人从承包人处得到赔付的金额和(或)缺陷责任期的延长期。承包人应付给发包人的金额从拟支付给承包人合同价款中扣除，或由承包人以其他方式支付给发包人。

24. 争议的解决

24.1 争议解决的方式发包人和承包人在履行合同中发生争议的，可以友好协商解决或者提请争议评审组评审。合同当事人友好协商解决不成、不愿提请争议评审组评审或者不接受争议评审组意见的，可以在专用合同条款中约定下列一种方式解决：

(1)向约定的仲裁委员会申请仲裁；

(2)向有管辖权的人民法院提起诉讼。

24.2 友好解决

在申请争议评审、仲裁或者诉讼前，以及在争议评审、仲裁或诉讼过程中，发包人和承包人均可共同努力友好协商解决争议。

24.3 争议评审

24.3.1 采用争议评审的，发包人和承包人应在开工日后28天内或在争议发生后，协商成立争议评审组。争议评审组由有合同管理和工程实践经验的专家组成。

24.3.2 合同双方的争议，应首先由申请人向争议评审组提交一份详细的评审申请报告，并附必要的文件、图纸和证明材料，申请人还应将上述报告的副本同时提交给被申请人和监理人。

24.3.3 被申请人在收到申请人评审申请报告副本后28天内，向争议评审组提交一份答辩报告，并附证明材料。被申请人应将答辩报告的副本同时提交申请人和监理人。

24.3.4 除专用合同条款另有约定外，争议评审组在收到合同双方报告后的14天内，邀请双方代表和有关人员举行调查会，向双方调查争议细节；必要时争议评审组可要求双方进一步提供补充材料。

24.3.5 除专用合同条款另有约定外，在调查会结束后的14天内，争议评审组应在不受任何干扰的情况下进行独立、公正的评审，作出书面评审意见，并说明理由。在争议评审期间，争议双方暂时按监理工程师的确定执行。

24.3.6 发包人和承包人接受评审意见的，由监理人根据评审意见拟定执行协议，经争议双方签字后作为合同的补充文件，并遵照执行。

24.3.7 发包人和承包人不接受评审意见，并要求提交仲裁或提起诉讼的，应在收到评审意见后的14天内将仲裁或起诉意向书面通知另一方，并抄送监理人，但在仲裁或诉讼结束前应暂按监理工程师的确定执行

第三部分 专用合同条款(摘录)

一、词语定义及合同文件

1. 合同文件及解释顺序

合同文件组成及解释顺序：________________________________

3. 语言文字和适用的法律、标准及规范

3.1 本合同除使用汉语外，还使用其他语言文字。

3.2 适用的法律和法规

需要明示的法律和法规：________________________________

3.3 适用的标准、规范

适用的标准、规范的名称：

发包人提供标准、规范的时间：

4. 图纸

4.1 发包人向承包人提供图纸的日期和套数：

发包人对图纸的保密要求：

使用国外图纸的要求及费用承担：

二、双方的一般权利和义务

5. 工程师

5.1 监理单位委派的工程师

姓名：　　　　职务：

发包人委托的职权：

需要取得发包人批准才能行使的职权：

5.2 发包人派驻的工程师

姓名：　　　　职务：

职权：

5.3 不实行监理的，工程师的职权：

7. 项目经理

姓名：　　　　职务：

8. 发包人工作

8.1 发包人应按约定的时间和要求完成以下工作：

(1)施工场地具备施工条件的要求及完成的时间：

(2)将施工所需的水、电、电信线路接至施工场地的时间、地点和供应要求：

(3)施工场地与公共道路的通道开通时间和要求：

(4)工程地质和地下管线资料的提供时间：

(5)由发包人办理的施工所需证件、批件的名称和完成时间：

(6)水准点与坐标控制点交验时间：

(7)图纸会审和设计交底时间：

(8)协调处理施工场地周围地下管线和邻近建筑物、构筑物(含文物保护建筑)、古树名木的保护工作：

(9)双方约定发包人应做的其他工作：

9.1 承包人应按约定的时间和要求，完成以下工作：

(1)需由设计资质等级和业务范围允许的承包人完成的设计文件提交时间：

(2)应提供计划、报表的名称及完成时间：

(3)承担施工安全保卫工作及非夜间施工照明的责任和要求：

(4)向发包人提供的办公和生活房间及设施要求：

(5)需承包人办理的有关施工场地交通、环卫和施工噪声管理等手续：________

(6)已完工程成品保护的特殊要求及费用承担：________

(7)施工场地的周围地下管线和邻近建筑物、构筑物(含文物保护建筑)、古树名木的保护要求及费用承担：________

(8)施工场地清洁卫生的要求：________

(9)双方约定承包人应做的其他工作：________

三、施工组织设计和工期

10. 进度计划

10.1 承包人提供施工组织设计(施工方案)和进度计划的时间：________

工程师确认的时间：________

10.2 群体工程中有关进度计划的要求：________

13. 工期延误

13.1 双方约定工期顺延的其他情况：________

四、质量与验收

17. 隐蔽工程和中间验收

17.1 双方约定中间验收部位：________

19. 工程试车

19.5 试车费用的承担：________

五、安全施工

六、合同价款与支付

23. 合同价款及调整

23.2 本合同价款采用________方式确定。

(1)采用固定价格合同，合同价款中包含的风险范围：________

风险费用的计算方法：________

风险范围以外合同价款调整方法：________

(2)采用可调整价格合同，合同价格的调整方法：________

(3)采用成本加酬金合同，有关成本和酬金的约定：________

____

23.3 双方约定合同价款的其他调整因素：________

24. 工程预付款

发包人向承包人预付工程款的时间和金额或占合同价款总额的比例：________

扣回工程款的时间和比例：________

25. 工程量确认

25.1 承包人向工程师提交已完工程量报告的时间：________

26. 工程款(进度款)支付

双方约定的工程款(进度款)支付的方式和时间：________

七、材料、设备供应

27. 发包人供应材料设备

27.4 发包人供应的材料设备与一览表不符时，双方约定发包人承担责任如下：

(1)材料设备价格与一览表不符：________________

(2)材料设备的品种、规格、型号、质量等级与一览表不符：________________

(3)承包人可代为调剂串换的材料：________________

(4)到货地点与一览表不符：________________

(5)供应数量与一览表不符：________________

(6)到货时间与一览表不符：________________

27.6 发包人供应材料设备的结算方法：________________

28. 承包人采购材料设备

28.1 承包人采购材料设备的约定：________________

八、工程变更

九、竣工验收与结算

32. 竣工验收

32.1 承包人提供竣工图的约定：________________

32.6 中间交工工程的范围和竣工时间：________________

十、违约、索赔和争议

35. 违约

35.1 本合同中关于发包人违约的具体责任如下：

本合同通用条款第 24 条约定发包人违约应承担的违约责任：________________

本合同通用条款第 26.4 款约定发包人违约应承担的违约责任：________________

本合同通用条款第 33.3 款约定发包人违约应承担的违约责任：________________

双方约定的发包人其他违约责任：________________

35.2 本合同中关于承包人违约的具体责任如下：

本合同通用条款第 14.2 款约定承包人违约应承担的违约责任：________________

本合同通用条款第 15.1 款约定承包人违约应承担的违约责任：________________

双方约定承包人其他违约责任：________________

37. 争议

37.1 双方约定，在履行合同过程中产生争议时：

(1)请________________调解；

(2)采取第__________种方式解决，并约定向仲裁委员会提请仲裁或向人民法院提起诉讼。

十一、其他

38. 工程分包

38.1 本工程发包人同意承包人分包的工程：________________

分包施工单位为：________________

39. 不可抗力

39.1 双方关于不可抗力的约定：________________________________

40. 保险

40.6 本工程双方约定投保内容如下：

(1)发包人投保内容：________________________________

发包人委托承包人办理的保险事项：________________________________

(2)承包人投保内容：________________________________

41. 担保

41.3 本工程双方约定担保事项如下：

(1)发包人向承包人提供履约担保，担保方式为：担保合同作为本合同附件。

(2)承包人向发包人提供履约担保，担保方式为：担保合同作为本合同附件。

(3)双方约定的其他担保事项：________________________________

46. 合同份数

46.1 双方约定合同副本份数：__________

47. 补充条款

第五章　工程量清单

1. 工程量清单说明

1.1 本工程量清单是根据招标文件中包括的、有合同约束力的图纸以及有关工程量清单的国家标准、行业标准、合同条款中约定的工程量计算规则编制。约定计量规则中没有的子目，其工程量按照有合同约束力的图纸所标示尺寸的理论净量计算。计量采用中华人民共和国法定计量单位。

1.2 本工程量清单应与招标文件中的投标人须知、通用合同条款、专用合同条款、技术标准和要求及图纸等一起阅读和理解。

1.3 本工程量清单仅是投标报价的共同基础，实际工程计量和工程价款的支付应遵循合同条款的约定和第六章“技术标准和要求”的有关规定。

1.4 补充子目工程量计算规则及子目工作内容说明：________________

2. 投标报价说明

2.1 工程量清单中的每一子目须填入单价或价格，且只允许有一个报价。

2.2 工程量清单中标价的单价或金额，应包括所需人工费、施工机械使用费、材料费、其他(运杂费、质检费、安装费、缺陷修复费、保险费，以及合同明示或暗示的风险、责任和其他义务等)以及管理费、利润等。

2.3 工程量清单中投标人没有填入单价或价格的子目，其费用视为已分摊在工程量清单中其他相关子目的单价或价格之中。

2.4 暂列金额的数量及拟用子目的说明：________________________

2.5 暂估价的数量及拟用子目的说明：________________________

3. 其他说明

4. 工程量清单(见教材相关内容)

附录 B

《中华人民共和国招标投标法》

1999 年 8 月 30 日第九届全国人民代表大会常务委员会第十一次会议通过了《中华人民共和国招标投标法》。其包括以下内容。

第一章　总则

第二章　招标

第三章　投标

第四章　开标、评标和中标

第五章　法律责任

第六章　附则

第一章　总　则

第一条　为了规范招标投标活动，保护国家利益、社会公共利益和招标投标活动当事人的合法权益，提高经济利益，保证项目质量，制定本法。

第二条　在中华人民共和国境内进行招标投标活动，适用本法。

第三条　在中华人民共和国境内进行下列工程建设项目包括项目的勘察、设计、施工、监理以及与工程建设有关的重要设备、材料等的采购，必须进行招标：

(一)大型基础设施、公用事业等关系社会公共利益、公众安全的项目；

(二)全部或者部分使用国有资金投资或者国家融资的项目；

(三)使用国际组织或者外国政府贷款、援助资金的项目。前款所列项目的具体范围和规模标准，由国务院发展计划部门会同国务院有关部门制订，报国务院批准。

法律或者国务院对必须进行招标的其他项目的范围有规定的，依照其规定。

第四条　任何单位和个人不得将依法进行招标的项目化整为零或者以其他方式规避招标。

第五条　招标投标活动应当遵循公开、公平、公正和诚实信用的原则。

第六条　依法必须进行招标的项目，其招标投标活动不受地区或者部门的限制。任何单位和个人不得违法限制或者排斥本地区、本系统以外的法人或者其他组织参加投标，不得以任何方式非法干涉招标投标活动。

第七条　招标投标活动及其当事人应当接受依法实施的监督。

有关行政监督部门依法对招标投标活动实施监督，依法查处招标投标活动中的违法行为。

对招标投标活动的行政监督及有关部门的具体职权划分，由国务院规定。

第二章　招　标

第八条　招标人是依照本法规定提出招标项目、进行招标的法人或者其他组织。

第九条　招标项目按照国家有关规定需要履行项目审批手续的，应当先履行审批手续，取得批准。

招标人应当有进行招标项目的相应资金或者资金来源已经落实，并应当在招标文件中如实载明。

第十条　招标分为公开招标和邀请招标。

公开招标，是指招标人以招标公告的形式邀请不特定的法人或者其他组织投标。

邀请招标，是指招标人以投标邀请书的形式邀请特定的法人或者其他组织投标。

第十一条　国务院发展计划部门确定的国家重点项目和省、自治区、直辖市人民政府确定的地方重点项目不适宜公开招标的，经国务院、省、自治区、直辖市人民政府批准，可以进行邀请招标。

第十二条　招标人有权自行选择招标代理机构，委托其办理招标事宜。任何单位和个人不得以任何方式为招标人指定招标代理机构。

招标人具有编制招标文件和组织评标能力的，可以自行办理招标事宜。任何单位和个人不得强制其委托招标代理机构办理招标事宜。

依法必须进行招标的项目，招标人自行办理招标事宜的，应当向有关行政监督部门备案。

第十三条　招标代理机构是依法设立、从事招标代理业务并提供相关服务的中介组织。

招标代理机构应当具备下列条件：

有从事招标代理业务的营业场所和相应资金；

有能够编制招标文件和组织评标的相应专业能力；

(三)有符合本法第三十七条第三款规定条件、可以作为评标委员会成员人选的技术、经济等方面的专家库。

第十四条　从事工程建设项目招标代理业务的招标代理机构，其资格由国务院或者省、自治区、直辖市人民政府的建设行政主管部门认定。具体办法由国务院建设行政主管部门会同国务院有关部门制定。从事其他招标代理业务的招标代理机构，其资格认定的主管部门由国务院规定。

招标代理机构与行政机关和其他国家机关不得存在隶属关系或其他利益关系。

第十五条　招标代理机构应当在招标人委托的范围内办理招标事宜，并遵守本法关于招标人的规定。

第十六条　招标人采用公开招标方式的，应当发布招标公告。依法必须进行招标的项目的招标公告，应当通过国家指定的报刊、信息网络或者其他媒介发布。

招标公告应当载明招标人的名称和地址、招标项目的性质、数量、实施地点和时间以及获取招标文件的办法事项。

第十七条　招标人采用邀请招标方式的，应当向三个以上具备承担招标项目的能力、资信良好的特定的法人或者其他组织发出投标邀请书。投标邀请书应当载明本法第十六条第二款规定的事项。

第十八条　招标人可以根据招标项目本身的要求，在招标公告或者投标邀请书中，要求潜在投标人提供有关资质证明文件和业绩情况，并对潜在投标人进行资格审查；国家对投标人的资格条件有规定的，依照其规定。

招标人不得以不合理的条件限制或者排斥潜在投标人，不得对潜在投标人进行歧视待遇。

第十九条　招标人应当根据招标项目的特点和编制招标文件。招标文件应当包括招标项目的技术要求、对投标人资格审查的标准、投标报价要求和评标标准等所有实质性要求和条件以及拟签订合同的主要条款。

国家对招标项目的技术、标准有规定的，招标人应当按照其规定在招标文件中提出相应的要求。

招标项目需要划分标段、确定工期的，招标人应当合理划分标段、确定工期，并在招标文件中载明。

第二十条　招标文件不得要求或者表明特定的生产供应者以及含有倾向或者排斥潜在投标人的其他内容。

第二十一条　招标人根据招标项目的具体情况，可以组织潜在投标人踏勘项目现场。

第二十二条　招标人不得向他人透露已获取招标文件的潜在投标人的名称、数量以及可能影响公平竞争的有关招标投标的其他情况。招标人设有标底的，标底必须保密。

第二十三条　招标人对已发出的招标文件进行必要的澄清或者修改的，应当在招标文件要求提交投标文件截止时间至少十五日前，以书面形式通知所有招标文件收受人。该澄清或者修改的内容为招标文件的组成部分。

第二十四条　招标人应当确定投标人编制投标文件所需要的合理时间；但是，依法必须进行招标的项目，自招标文件开始发出之日起至投标人提交投标文件截止之日止，最短不得少于二十日。

第三章　投　标

第二十五条　投标人是响应招标、参加投标竞争的法人或者其他组织。

依法招标的科研项目允许个人参加投标的，投标的个人适用本法有关投标人的规定。

第二十六条　投标人应当具备承担招标项目的能力；国家有关规定对投标人资格条件或者招标文件对投标人资格条件有规定的，投标人应当具备规定的资格条件。

第二十七条　投标人应当按照招标文件的要求编制投标文件，投标文件应当对招标文件提出的实质性要求和条件作出响应。

招标项目属于建设施工的，投标文件的内容应当包括拟派出的项目负责人与主要技术人员的简历、业绩和拟用于完成招标项目的机械设备等。

第二十八条　投标人应当在招标文件要求提交投标文件的截止时间前，将投标文件送达投标地点。招标人收到投标文件后，应当签收保存，不得开启。投标人少于三个的，招标人应当依照本法重新招标。

在招标文件要求提交投标文件的截止时间后送达的投标文件，招标人应当拒收。

第二十九条　投标人在招标文件要求提交投标文件的截止时间前，可以补充、修改或者撤回已提交的投标文件，并书面通知招标人。补充、修改的内容为投标文件的组成部分。

第三十条　投标人根据招标文件载明的项目实际情况，拟在中标后将中标项目的部分非主体、非关键性工作进行分包的，应当在投标文件中载明。

第三十一条　两个以上法人或者其他组织可以组成一个联合体，以一个投标人的身份共同投标。

联合体各方均应当具备承担招标项目的相应能力；国家有关规定或者招标文件对投标人资格条件有规定的，联合体各方均应当具规定的资格条件。由同一专业的单位组成的联合体，按照资质等级较低的单位确定资质等级。

联合体各方应当签订共同投标协议，明确约定各方你承担的工作和责任，并将共同投标协议连同投标文件一并提交招标人。联合体中标的，联合体各方应当共同与招标人签订合同，就中标项目向招标人承担连带责任。

招标人不得强制投标人组成联合体共同投标，不得限制投标人之间的竞争。

第三十二条　投标人不得相互串通投标报价，不得排挤其他投标人的公平竞争，损害招标人或者其他投标人的合法权益。

投标人不得与招标人串通投标，损害国家利益、社会公共利益或者他人的合法权益。

禁止投标人以向招标人或者评标委员会成员行贿的手段谋取中标。

第三十三条　投标人不得以低于成本的报价竞标，也不得以他人名义投标或者以其他方式弄虚作假，骗取中标。

第四章　开标、评标和中标

第三十四条　开标应当在招标文件确定的条件投标文件截止时间的同一时间公开进行；开标地点应当为招标文件中预先确定的地点。

第三十五条　开标由招标人主持，要求所有投标人参加。

第三十六条　开标时，由投标人或者其推选的代表检查投标文件的密封情况，也可以由招标人委托的公正机构检查并公正；经确认无误后，由工作人员当众拆封，宣读投标人名称、投标价格和投标文件的其他主要内容。

招标人在招标文件要求提交投标文件的截止时间前收到的所有投标文件，开标时都应当当众予以拆封、宣读。

开标过程应当记录，并存档备查。

第三十七条　评标由招标人依法组建的评标委员会负责。

依法必须进行招标的项目，其评标委员会由招标人的代表和有关技术、经济等方面的专家组成，成员人数为五人以上的单数，其中技术、经济等方面的专家不得少于成员总数的三分之二。

前款专家应当从事相关领域工作满八年并具有高级职称或者具有同等专业水平，由招标人从国务院有关部门或者省、自治区、直辖市人民政府有关部门提供的专家名册或者招标代理机构的专家库内的相关专业的专家名单中确定；一般招标项目可以采取随机抽取方式，特殊招标项目可以由招标人直接确定。

与投标人有利害关系的人不得进入相关项目的评标委员会；已经进入的应当更换。

评标委员会成员的名单在中标结果确定前应当保密。

第三十八条　招标人应当采取必要的措施，保证评标在严格保密的情况下进行。任何单位和个人不得非法干预、影响评标的过程和结果。

第三十九条　评标委员会可以要求投标人对投标文件中含义不明确的内容作必要的澄清或者说明，但是澄清或者说明不得超出投标文件的范围或者改变投标文件的实质性内容。

第四十条　评标委员会应当按照招标文件确定的评标标准和方法，对投标文件进行评审和比较；设有标底的，应当参考标底。评标委员会完成评标后，应当向招标人提出书面评标报告，并推荐合格的中标候选人。

招标人根据评标委员会提出的书面评标报告和推荐的中标候选人确定中标人。招标人也可以授权评标委员会直接确定中标人。

国务院对特定招标项目的评标有特别规定的，从其规定。

第四十一条　招标人的投标应当符合下列条件之一：

(一)能够最大限度地满足招标文件中规定的各项综合评价标准；

(二)能够满足招标文件的实质性要求，并且经评审的投标价格最低；但是投标价格低于成本的除外。

第四十二条　评标委员会经评审，认为所有投标都不符合招标文件要求的，可以否决所有投标。

依法必须进行招标的项目的所有投标被否决的，招标人应当依照本法重新招标。

第四十三条　在确定中标人前，招标人不得与投标人就投标价格、投标方案等实质性内容进行谈判。

第四十四条　评标委员会成员应当客观、公正地履行职务，遵守职业道德，对所提出的评审意见承担个人责任。

评标委员会成员不得私下接触投标人，不得收受投标人的财物或者其他好处。

评标委员会成员和参与评标的有关工作人员不得透露对投标文件的评审和比较、中标候选人的推荐情况以及与评标有关的其他情况。

第四十五条　招标人确定后，招标人应当向中标人发出中标通知书，并同时将中标结果通知所有未中标的投标人。

中标通知书对招标人和中标人具有法律效力。中标通知书发出后，招标人改变中标结果的，或者中标人放弃中标项目的，应当依法承担法律责任。

第四十六条　招标人和中标人应当自中标通知书发出之日起三十日内，按照招标文件和中标人的投标文件订立书面合同。招标人和中标人不得再行订立背离合同实质性内容的其他协议。

招标文件要求中标人提交履约保证金的，中标人应当提交。

第四十七条　依法必须进行招标的项目，招标人应当自确定中标人之日起十五日内，向有关行政监督部门提交招标投标情况的书面报告。

第四十八条　中标人应当按照合同约定履行义务，完成中标项目。中标人不得向他人转让中标项目，也不得将中标项目肢解后分别向他人转让。

中标人按照合同约定或者经招标人同意，可以将中标项目的部分非主体、非关键性工作分包给他人完成。接受分包的人应当具备相应的资质条件，并不得再次分包。

中标人应就分包项目向招标人负责，接受分包的人就分包项目承担连带责任。

第五章　法律责任

第四十九条　违反本法规定，必须进行招标的项目而不招标的，将必须招标的项目化整为零或者以其他任何方式规避招标的，责令限期改正，可以处项目金额千分之五以上千分之十以下的罚款；对全部或者部分使用国有资金的项目，可以暂停项目执行或者暂停资金拨付；对单位直接负责的主管人员和其他直接责任人员依法给予处分。

第五十条　招标代理机构违反本法规定，泄露应当保密的与招标投标活动有关的情况和资料的，或者与招标人、投标人串通损害国家利益、社会公共利益或者他人合法权益的，处五万元以上二十五万元以下的罚款，对单位直接负责的主管人员和其他直接责任人员处单位罚款数额的百分之五以上百分之十以下的罚款；有违法所得的，并处没收违法所得；情节严重的，暂停直至取消招标代理资格；构成犯罪的，依法追究刑事责任。给他人造成损失的，依法承担赔偿责任。

前款所列行为影响中标结果的中标无效。

第五十三条　投标人相互串通投标或者与招标人串通投标的，投标人以向招标人或者评标委员会成员行贿的手段谋取中标的，中标无效，处中标项目金额千分之五以上千分之十以下的罚款，对单位直接负责的主管人员和其他直接责任人员处单位罚款数额的百分之五以上百分之十以下的罚款；有违法所得的，并处没收违法所得；情节严重的，取消其一年至二年内参加依法必须进行招标项目的投标资格并予以公告，直至由工商行政管理部门吊销营业执照；构成犯罪的，依法追究刑事责任。给他人造成损失的，依法承担赔偿责任。

第五十四条　投标人以他人名义投标或者以其他方式弄虚作假，骗取中标的，中标无效，给招标人造成损失的，依法承担赔偿责任；构成犯罪的，依法追究刑事责任。

依法必须进行招标的项目的投标人有前款所列行为尚未构成犯罪的，处中标项目金额千分之五以上千分之十以下的罚款，对单位直接负责的主管人员和其他直接责任人员处单位罚款数额的百分之五以上百分之十以下的罚款；有违法所得的，并处没收违法所得；情节严重的，取消其一年至三年内参加依法必须进行招标的项目的投标资格并予以公告，直至由工商行政管理机关吊销营业执照。

第五十五条　依法必须进行招标的项目，招标人违反本法规定，与投标人就投标价格、投标方案等实质性内容进行谈判的，给予警告，对单位直接负责的主管人员和其他直接责任人员依法给予处分。

前款所列行为影响中标结果的，中标无效。

第五十六条　评标委员会成员收受投标人的财物或者其他好处的，评标委员会成员或者参加评标的有关工作人员向他人透露对投标文件的评审和比较、中标候选人的推荐以及与评标有关的其他情况的，给予警告，没收收受的财物，可以并处三千元以上五万元以下的罚款，对有所列违法行为的评标委员会成员取消担任评标委员会成员的资格，不得再参加任何依法必须进行招标的项目的评审；构成犯罪的，依法追究刑事责任。

第五十七条　招标人在评标委员会依法推荐的中标候选人以外确定中标人的，依法必须进行招标的项目在所有投标被评标委员会否决后自行确定中标人的，中标无效。责令改正，可以处中标项目金额千分之五以上千分之十以下的罚款；对单位直接负责的主管人员和其他直接责任人员依法给予处分。

第五十八条　中标人将中标项目转让给他人的，将中标项目肢解后分别转让给他人的，违犯本法规定将中标项目的部分主体、关键性工作分包给他人的，或者分包人再次分包的，转让、分包无效，处转让、分包项目金额千分之五以上千分之十以下的罚款；有违法所得的，并处没收违法所得；可以责令其停业整顿；情节严重的，由工商行政管理部门吊销营业执照。

第五十九条　招标人与中标人不按照招标文件和中标人的投标文件订立合同的，或者招标人、中标人订立背离合同实质性内容的协议的，责令改正；可以处中标项目金额千分之五以上千分之十以下的罚款。

第六十条　中标人不履行与招标人订立的合同的，履约保证金不予退还，给招标人造成的损失超过履约保证金数额的，还应当对超过部分予以赔偿；没有提交履约保证金的，应当对招标人的损失承担赔偿责任。

中标人不按照与招标人订立的合同履行义务，情节严重的，取消其二年至五年参加依法必须进行招标的项目的投标资格并予以公告，直至由工商行政管理部门吊销营业执照。

因不可抗力不能履行合同的，不适用前两款规定。

第六十一条　本章规定的行政处罚，由国务院规定的有关行政监督部门决定。本法对实施行政处罚的机关作出规定的除外。

第六十二条　任何单位违犯本法规定，限制或者排斥本地区、本系统以外的法人或者其他组织参加投标的，为招标人指定招标代理机构的，强制招标人委托招标代理机构办理招标代理事宜的，或者以其他方式干预招标投标活动的，情节严重的，依法给予降级、撤职、开除的处分。

个人利用职权进行前款违法行为的，依照前款规定追究责任。

第六十三条　对招标投标活动依法负有行政监督职责的国家机关工作人员徇私舞弊、滥用职权或者玩忽职守，构成犯罪的，依法追究刑事责任；不构成犯罪的，依法给予行政处分。

第六十四条　依法必须进行招标的项目违反本法规定，中标无效的，应当依照本法规定的中标条件从其余投标人中重新确定中标人或者依照本法重新进行招标。

第六章　附　则

第六十五条　投标人和其他利害关系人认为招标投标活动不符合本法有关规定的，有权向招标人提出异议或者依法向有关行政监督部门投诉。

第六十六条　涉及国家安全、国家秘密、抢险救灾或者属于利用扶贫资金实行以工代赈、需要使用农民工等特殊情况，不适宜进行招标的项目，按照国家有关规定可以不进行招标。

第六十七条　使用国际组织或者外国政府贷款、援助资金的项目进行招标，贷款方、资金提供方对招标投标的具体条件和程序有不同规定的，可以适用其规定，但违背中华人民共和国的社会公共利益的除外。

第六十八条　本法自 2000 年 1 月 1 日起实施。

附录C

甘肃省房屋建筑和市政基础设施工程招标投标管理办法

第一章 总 则

第一条 为了进一步规范房屋建筑和市政基础设施施工工程(以下简称“工程”)招标投标活动，维护公共安全，保证工程质量，根据《中华人民共和国招标投标法》、《甘肃省招标投标条例》、《甘肃省建设工程质量监督管理条例》等法律法规，结合本省实际，制定本办法。

第二条 凡本省行政区域内各类房屋建筑和市政基础设施工程的勘察设计(方案)施工、装饰装修、建设监理、项目管理以及与工程建设相关的设备和材料等招标投标活动，必须遵守本办法。

本办法所称各类房屋建筑工程，是指各类房屋建筑及其附属设施和与其配套的线路、管道、设备及安装工程和室内外装修工程。

本办法所称市政基础设施工程，是指城市道路、公共交通、供水、排水、燃气、热力、园林、环卫、污水处理、垃圾处理、防洪、地下公共设施及附属设施的土建、管道、设备安装工程。

第三条 省人民政府建设行政主管部门对全省各类房屋建筑和市政基础设施工程招标投标活动和有形建筑市场设立及运行实施监督管理。

市、州建设行政主管部门按照职责分工对本行政区域内的各类房屋建筑和市政基础设施工程招标投标活动实施监督管理。

具体日常工作由建设工程招标投标管理机构(以下简称“招标管理机构”)负责。

第四条 工程招标的范围和规模标准及招标方式执行国家和《甘肃省招标投标条例》有关规定。

第五条 工程招标投标实行分级监督管理。省、市州具体监督管理范围和标准由省建设行政主管部门另行制定。

第六条 凡依法必须招标的工程的勘察设计(方案)、施工、装饰装修、建设监理、项目管理以及与工程建设相关的设备和材料，必须进入有形建筑市场，通过招标投标择优选定承包商或者供应商。

各类经济开发区或者工业园区依法必须招标的工程项目应当进入有形建筑市场发包。

各类经济开发区或者工业园区以及其他部门设立的有形建筑市场必须依照《国务院办公厅转发建设部国家计委监察部关于健全和规范有形建筑市场若干意见的通知》(国办发[2002]21号)规定，由省人民政府报建设部批准后，方可开展业务。

有形建筑市场应当为工程招标投标活动提供发布招标公告、投标报名、评标专家抽取、开标、评标等服务。

第二章 招 标

第七条 依法必须招标的项目，应当具备下列条件：

(一)建设工程规划许可证；

(二)初步设计批准文件；

(三)施工图审查批准书；

(四)金融机构出具的工程建设资金担保；

(五)依法必须公开招标的工程不适宜公开招标、进行邀请招标的，须附省人民政府的批准文件；

(六)招标人委托代理机构招标，招标代理机构向中标人收取中标服务费的，应当提供招标代理机构与该项目所有投标人签订的收取中标服务费用协议书；

(七)招标所需的设计图纸及技术资料；

(八)实行项目管理的，项目管理人应符合本条一至七项要求的同时，还应当出具招标人的委托书和招标人与项目管理人签订的协议书。

第八条 招标人不得以带资垫资等不合理条件限制或者排斥潜在投标人，不得对潜在投标人提出与招标工程实际不符的高资质等级要求或影响公平竞争的其他条件。投标人以带资垫资为条件影响公平竞争的，应当取消其投标资格，已中标的应当按废标处理。

第九条 依法必须公开招标的工程，应当在国家、省建设工程信息网或者省发展改革委指定的媒介发布招标公告。

招标公告或者投标邀请书应当载明下列主要内容：

(一)招标人的名称和地址；

(二)招标工程的名称、内容、规模、资金来源及落实情况；

(三)招标工程的实施地点、工期要求及质量标准；

(四)对投标人资质等级的要求；

(五)获取招标文件或者资格预审文件的地点和时间；

(六)按照规定收取招标文件的费用数额。

第十条 具备条件的招标人可以自行办理招标事宜，也可以委托工程招标代理机构代理招标。招标人自行组织招标应当具备编制招标文件和组织招标、开标、评标的能力，其条件如下：

(一)是法人或者依法成立的组织；

(二)拥有从事过同类工程招标的经验，熟悉有关工程招标的法律、法规、规章、规范性文件及招标程序的人员；

(三)拥有与招标工程规模、复杂程度相适应的工程技术、概(预)算、财务以及工程管理等方面的专业技术人员。

不具备上述条件的，招标人应当委托具有相应资格的工程招标代理机构代理招标。

第十一条　工程招标代理机构必须取得省级以上建设行政主管部门批准的资格后方可开展业务。

第十二条　公开招标工程实行资格预审的，招标人可以依据招标公告要求和资格审查办法的规定，对所有报名的投标申请人以优胜劣汰原则，由高分到低分确定7家以上资格预审合格的投标人或者在全部资格预审合格的投标人中，由招标人随机抽取7家以上作为正式投标人。

第十三条　招标代理机构不得以不收取代理费用为条件承接招标代理业务；招标代理费用应当由委托人支付，招标代理机构不得擅自向中标人收取招标代理费用。

第十四条招标管理依法对招标人或招标代理机构的资格、招标公告、投标邀请书、招标文件、投标人资格进行备案。招标人或招标代理机构应当按照规定程序办理招标事宜。

第十五条　招标人对已发出的招标文件，不得擅自更改。确需变更的，应当在投标文件截止时间15日前，以书面形式通知所有投标人，并报原备案机关备案。

第十六条　招标人要求提交投标保证金的，一般不得超过投标报价的百分之二，最高不得超过50万元(勘察设计、建设监理招标最高不得超过10万元)。投标保证金除现金外，可以是银行出具的保函、保兑支票、汇票或者现金支票。

第十七条　工程量清单或者标底，招标人有能力的由招标人编制，招标人不具备编制能力的应当委托具有相应资质的工程造价咨询机构编制。工程量清单或标底应当加盖编制单位公章和编制人员资格印章，一并提交评标委员会作为评标参考。

编制工程量清单和标底必须符合国家工程量清单计价规范及省上有关规定。

设有标底的，标底应当做到公正、合理。标底必须保密，不得泄露。

第十八条　工程量清单编制中的漏项或者在合同履行期间因设计变更等引起的工程量增减，应当按实际发生的数量如实调整，其风险和利益由招标人承担或者受益；投标人投标报价应当在满足招标文件的前提下，依据企业定额或者参照我省有关人工、材料、机械消耗量定额，其价格或者费用在本办法第十九条规定范围内由投标人自主报价，并承担相应风险。但合同有效期以外的除外。

第十九条　招标工程采用综合单价法或者工料单价法报价的，一类工程取费不得低于二类甲取费标准；二类工程取费不得低于三类甲取费标准。

国家规定的劳动保险基金(含养老保险费、失业保险费、医疗保险费和劳动保险费)按建筑业企业持有的《甘肃建设工程费用标准证书》中核定的标准计取，不列入标底或者投标报价，中标后按照核定类别对应费率计人工程造价。住房公积金、工程排污费、工程定额测定费、危险作业意外伤害保险费等非竞争性费用按有关部门规定的缴纳标准列入投标报价，并计入合同总价。

第二十条　招标人与中标人商定的协议(合同)条款内容违背国家和省上有关规定或者本办法第十九条规定的，中标无效。

第二十一条　工程需要专项分包的，经招标人同意，在有形建筑市场中标择优选定符合资质等级要求的专项承包人，并签订专项分包合同，明确双方的权利和义务。中标人应当对招标人负责，专项分包人应当对中标人负责。

专项分包工程价款由中标人向专项分包人结算。中标人收到招标人拨付的工程款后，应当及时向专项分包人拨付该分包工程相应的预付款及工程进度款。

中标人将专项工程招标分包后，应当对专项分包人在管理、技术、质量、安全等方面进行监督管理。

第二十二条　招标文件要求中标人提交履约保证金或者其他形式履约担保的，中标人应当提交，拒绝提交的可视为放弃中标。招标人要求中标人提交履约担保的，招标人应当同时向中标人提交同等数额的工程款支付担保。

第二十三条　招标人应当在确定中标人之日起15个工作日内，向招标管理办公室提交招标情况的书面报告及有关备案材料。

第二十四条　招标人应当自中标通知书发出之日起30个工作日内，按照中标通知书、招标文件和中标人的投标文件的内容，与中标人订立书面合同，并告知招标管理机构。招标人和中标人不得另行订立背离合同实质性内容的其他协议。

第三章　投　标

第二十五条　凡具备招标公告或者投标邀请书规定的合格资质要求的工程勘察设计(方案)施工、装饰装修、设备和材料供应、建设监理、项目管理的单位，均可申请参加与其资质等级和经验范围相适应的建设工程投标。

第二十六条　投标人应当按照招标文件要求编制投标文件。投标文件应当包括下列主要内容：

(一)投标函及投标函附录；

(二)法定代表人身份证明书、法定代表人授权委托书、企业资质证书(复印件)、项目经理(建造师)资质证(复印件)及技术负责人职称证书(复印件)；

(三)施工图预算书或者工程量清单报价单；

(四)施工组织设计或者施工方案；

(五)项目经理(建造师)、技术负责人及项目班子组成情况；

(六)主要机械设备清单；

(七)法律、法规规定的其他条件。

投标人应当将企业资质证书、营业执照、安全生产许可证、项目经理(建造师)资质证书、技术负责人职称证书及建设工程费用标准证书等原件带到开标现场，以备核查。

第二十七条　投标人应当在招标文件规定的提交投标文件的截止时间前，将投标文件密封送达开标地点。开标前任何单位和个人不得开启投标文件。

公开招标的工程发布公告后，报名参加的投标人少于3家的，招标人延长公告时间后，报名参加的投标人仍少于3家的，经招标管理机构核实后，在报名的投标人资质合格的条件下，可直接进行投标文件的评审。

第二十八条　投标人在投标截止时间前，可以补充、修改或者撤回已提交的投标文件，并书面通知招标人。补充、修改的内容为投标文件的组成部分。

在投标截止时间后到投标有效期终止前，投标人不得补充、修改或者撤回投标文件。投标人撤回投标文件的，其投标保证金不予退还。

第二十九条　投标人根据招标文件要求，拟在中标后将中标项目的部分非主体结构、非关键性工作分包给符合资质条件的分包人完成的，应当在投标文件中载明。

第三十条　两个以上法人或者其他组织组成一个联合体，以一个投标人的身份共同投标的，应当遵守国家、省上有关联合体投标的规定。

第四章　开标、评标、定标

第三十一条　开标必须在招标文件规定的提交投标文件截止时间的同一时间和招标文件预先确定的地点公开进行。

投标人法定代表人或者委托代理人未参加开标会议的，可视为放弃投标。

第三十二条　投标文件有下列情形之一的，招标人不予受理：

(一)逾期送达的或者未送达指定地点的；

(二)未按招标文件要求密封的。

第三十三条　投标文件有下列情形之一的，由评标委员会初审后按废标处理：

(一)无单位盖章并无法定代表人或者法定代表人授权的代理人签字或者盖章的；

(二)未按规定格式填写，内容不全或者关键字迹模糊、无法辨认的；

(三)投标人递交两份或者多份内容不同的投标文件，或者在一份投标文件中对同一招标项目报有两个或者多个报价，且未声明哪一个有效的。按照招标文件规定提交备选投标方案的除外；

(四)投标人名称或者项目经理(建造师)、技术负责人或者项目管理机构与资格预审时不一致的。

第三十四条　招标人应当邀请所有投标人参加开标会议。开标时，投标人应当当众公布招标文件清单的评标办法，启封投标文件，确认投标文件的有效性，宣读投标文件的主要内容。设有标底的应当当众启封并公布标底。

第三十五条　有下列情形之一的，中标无效：

(一)招标人未按评标委员会推荐的中标候选人排名顺序或者在评标委员会推荐的中标候选人之外确定中标人的；

(二)串通投标、围标投标或者以他人名义进行投标中标的；

(三)投标人弄虚作假骗取中标的；

(四)中标人与招标工程的建设监理单位有隶属关系的；

(五)法律、法规规定的其他损害招标人利益和社会公共利益的。

第三十六条　中标人选派的项目经理(建造师)、技术负责人及主要工程技术人员必须是投标文件中承诺的项目经理(建造师)、技术负责人及主要工程技术人员。项目经理(建造师)承担的中标工程主体结构竣工后，方可参加下一个招标工程的投标。投标人中标后，招标管理机构应当对承担该工程施工任务的项目经理(建造师)的资质进行登记备案。

第三十七条　招标人与中标人签订合同后5个工作日内，应当向中标人和未中标人一次性退还投标保证金。

中标通知书发出后，中标人拒绝签订合同书的，其投标保证金不予退还。中标人违犯本办法第第三十五条(二)、(三)项规定的，招标人可以不退还其投标保证金。

第五章　评标委员会组成及评标纪律

第三十八条　评标由招标人依法组建的评标委员会负责。评标委员会成员由招标人代表和有关技术、经济等方面的专家、成员人数为5人以上的单数(其中造价工程师不少于2人)，技术、经济等方面的专家不少于成员总人数的三分之二。

评标委员会成员中的技术、经济专家由招标人从有形建筑市场政府专家库中随机抽取。特殊招标工程随机抽取的专家难以胜任的，经招标管理机构核实后，由招标人直接确定。

第三十九条　评标委员会成员应当依据招标文件及评标办法，对投标文件作出客观、公正的评价，评标委员会成员完成评标后，应当向招标人提出书面评标报告，阐明评标委员会对投标文件的评审和比较意见，评标报告由评标委员会全体成员签字。招标人应当根据评标委员会成员提出的书面评标报告和推荐的中标候选人，依照国家、省上的有关规定按照评标委员会推荐的中标候选人排名顺序确定中标人。中标人确定后，有形建筑市场应当对中标结果进行公示，公示时间一般不少于3个工作日。

第四十条　评标委员会成员应当严格遵守职业道德，对所提出的评审意见承担个人责任。

评标委员会成员不得串通评标，不得私下接触投标人或者与招标结果有利害关系的人，不得收受投标人或者其他利害关系人的财物或者其他好处。

第四十一条　有下列情形之一的，不得担任评标委员会成员：

(一)投标人或者投标人的主要负责人的近亲属；

(二)项目主管部门或者行政监督部门的工作人员；

(三)与投标人有利害关系，可能影响对投标文件公正评审的；

(四)曾在招标、评标以及其他与招标投标有关的活动中有不良行为记录的。

评标委员会成员有前款情形之一的，应当主动提出回避；发现评标委员会成员有前款情形之一的，应予以更换。

第四十二条　评标委员会成员和与评标活动有关的工作人员，不得透露评标活动的任何情况。

前款所称与评标活动有关的工作人员，是指评标委员会成员以外的，因参与评标监督管理工作或者事务性工作而知悉有关评标情况的所有人员。

第六章 合同备案

第四十三条 凡本省行政区域内招标工程的勘察设计(方案)、施工、装饰装修、建设监理、项目管理、设备和材料及专业分包等合同，推行使用国家引发的合同示范文本。订立书面合同后5个工作日内，由招标人或者中标人报招标管理机构备案。

第四十四条 合同备案应当提交下列材料：

(一)合同或者分包合同副本；

(二)中标通知书、招标文件及中标人的投标材料；

(三)发包人同意分包工程的证明材料；

(四)发包人工程款支付担保及承包人履约担保；

(五)法律、法规规定的其他条件。

第四十五条 合同有下列情形之一的，应当依法改正并在5个工作日内将改正后的合同重新报原备案机关备案。

(一)利用合同危害国家利益、社会公共利益和他人合法利益的；

(二)合同内容违反法律、法规及规章规定的；

(三)合同内容违背招标文件、招标人的投标文件和中标通知书实质性内容的；

(四)合同内容显失公平的。

第四十六条 有下列情形之一的，合同无效：

(一)承包人未取到建筑业企业资质或者超越资质等级的；

(二)借用或者挂靠他人资质的；

(三)工程依法必须招标而未招标或者中标无效的；

(四)与备案合同内容不一致的；

(五)非法转包、违法分包的。

第四十七条 施工合同执行结束，发包人提供确认的竣工结算报告向承包人支付工程工程竣工结算价款，保留百分之五的工程质量保证(保修)金，待工程交付使用质保期到期后清算，质保期内如有返修、返修费用应当在质量保证(保修)金内扣除。

第七章 附则

第四十八条 本办法自印发之日起施行。

附录 D

甘肃省房屋建筑和市政基础设施工程招标投标综合记分评标、定标办法

第一条　为规范各类房屋建筑和市政基础设施工程招标评标、定标活动，促进公平竞争，根据《中华人民共和国招标投标法》《甘肃省招标投标条例》等法律、法规及《甘肃省房屋建筑和市政基础设施工程招标投标管理办法》(甘政办发【2005】109 号)，结合我省实际，制定本办法。

第二条　凡在本省行政区域内从事各类房屋建筑和市政基础设施工程招标评标、定标活动，适用本办法。

第三条　评标、定标活动应当遵循公平、公正、科学、择优的原则，任何单位和个人不得非法干预、影响评标过程及结果。

第四条　依法组建的评标委员会负责评标活动。评标委员会成员为 5 人以上单数，其中三分之二的评标专家，应当在有形建筑市场政府设立的评标专家库中随机抽取(工程造价师不得少于 3 名)。招标人推荐的三分之一专家，应当是具有工程技术、经济专业职称的人员。专家抽取工作可在开标时同时进行。因技术特殊的工程，经建设工程招标管理办公室核实后，由招标人直接确定。

第五条　开标前，投标文件有下列情形之一的，招标人不予受理：

(一)逾期送达的或者未送达指定地点的；

(二)未按招标文件要求密封的；

(三)投标人法定代表人或者授权的委托代理人未参加开标会议的或者授权的委托代理人不能出示授权委托书和居民身份证的；

第六条　投标文件有下列情形之一的，由评标委员会初审后按废标处理：

(一)无单位盖章并无法定代表人或者法定代表人授权的代理人签字或者盖章的；出现两个以上法人公章不一致或者法定代表人印章不一致的；

(二)省外企业法定代表人委托的代理人(必须是注册在本企业的一级项目经理)未参加开标会议的；

(三)未按规定的格式填写，内容不全或者关键字迹模糊、无法辨认的；

(四)投标人递交两份或者多份内容不同的投标文件，或者在一份投标文件中对同一招标项目报有两个或者多个报价，且未声明哪一个有效的。按招标文件规定提交备选方案的除外；

(五)投标人、授权的委托代理人、项目经理、技术负责人或者工程技术人员组成的项目管理机构与备案登记或者资格预审通过的不一致的；

(六)未按招标文件要求提交银行或者担保公司出具的投标保函或者担保书的；

(七)联合体投标未付联合体协议书的；

(八)采用施工图预算或者工程量清单报价的，投标人未提交完整的工程造价文件的；

(九)法律法规规定的其他条件。

第七条　不同投标人的投标文件相互之间修改内容、计算错误、文字表述等内容出现明显雷同时，评标委员会可视为串通投标或者围标，并追究其法律责任。

第八条　投标报价总分为100分。

(一)报价评审程序。投标报价(必须在5家以上)在招标人控制指标价和大多数投标人报价的＋4%～－8%(包括＋4%，－8%)以内者，去掉一个最高报价和一个最低报价的算术平均值的基础上，由招标人当众随机抽取浮动点(浮动点分别为：＋1%，＋0.5%，0%，－0.5%，－1%，－1.5%，－2%)后，计算得出评标指标。评标指标＝投标人报价去掉一个最高报价和一个最低报价的算术平均值/(1＋浮动点绝对值)。投标报价与评标指标相比，每向上浮动0.5%扣1分，向下浮动0.5%扣0.5分(高于0.5%按1%计，低于0.5%按0.5%计)。报价与评标指标相同时，得满分100分。

(二)招标人控制指标价高于或者低于大多数投标人报价的＋4%～－8%(包括＋4%，－8%)时，评标委员会应当对招标人控制指标进行评审。评审通过后，方可进入本条“(一)报价评审程序”的评审。

(三)评审委员会发现投标文件的总报价、合价有计算错误的，应当按照单价调整其合价、总报价。经投标人同意，调整后的投标报价对投标人具有约束力。若投标人不接受修正后的报价，其投标将被拒绝，投标保证金不予退还。

投标文件小写金额与大写金额不一致的，以大写金额为准。单价与工程量的乘积与总价不一致时，以单价为准。若单价有明显的小数点错位，应以总价为准，并修改单价。

(四)招标人应当向评标委员会提供工程造价控制指标。工程造价控制指标是指施工图预算价。施工图预算应当由有资质的工程造价咨询机构编制，并加盖编制单位法人公章、法定代表人印章和编制人员资格印章。

第九条　施工能力、施工方案或者施工组织设计扣分

(一)施工能力扣分

1. 投标的项目经理未承担过湿陷性黄土地区施工任务者扣1.5分；

2. 投标的项目经理未承担过同类工程(指面积、总高度和层数相近，以近三年备案施工合同原件和中标通知书为依据)者扣1.0分；

3. 投标的项目技术负责人达不到中级(包括中级)以上工程技术职称者扣1.0分；

4. 拟投入的机械设备达不到工程施工要求者扣 2.0 分；

5. 施工的主要技术工种安排不合理，不能满足施工要求者扣 1.5 分。

(二)施工方案或者施工组织设计扣分

1. 施工方案或者施工组织设计不能指导施工者扣 1.5 分；

2. 没有执行国家、行业、地方强制性标准规范具体措施者扣 1.0 分；

3. 没有确保工程质量的措施者扣 1.0 分；

4. 没有确保安全生产的措施或者安全生产措施费未单列者扣 1.0 分；

5. 横道图或者网络图分包分项工程不合理或者与总工期不一致者扣 1.0 分；

6. 没有合理的施工总平面图者扣 1.0 分；

7. 没有文明施工的保证措施者 1.0 分；

8. 没有采用国家、省建设行政主管部门推广的新工艺、新技术、新材料者扣 0.5 分。

第十条 本规定第九条(一)施工能力、(二)施工方案或者施工组织设计中各项评审内容满足工程要求，视为合格者不得扣分。涉及扣分项目时，评标委员会成员应当提交评标委员会集体进行评审后方可扣减该项分值。

第十一条 安全事故扣分

(一)投标人施工现场发生四级重大安全事故，被建设行政主管部门通报的，自通报之日起，在 3 个月内评标中，每次对投标人扣 0.5 分，对负有责任的项目经理每次扣 0.8 分。

(二)投标人施工现场发生三级重大安全事故，被建设行政主管部门通报的，自通报之日起，在 6 个月内评标中，每次对投标人扣 0.8 分，对负有责任的项目经理每次扣 1.2 分。

(三)投标人施工现场发生二级重大安全事故，被建设行政主管部门通报的，自通报之日起，在 12 个月内评标中，每次对投标人扣 1.0 分，对负有责任的项目经理每次扣 2.0 分。

第十二条 工程质量事故扣分

(一)投标人施工现场发生四级重大工程质量事故，被建设行政主管部门通报的，自通报之日起，在 3 个月内评标中，每次对投标人扣 0.5 分，对负有责任的项目经理每次扣 0.8 分。

(二)投标人施工现场发生三级重大工程质量事故，被建设行政主管部门通报的，自通报之日起，在 6 个月内评标中，每次对投标人扣 0.8 分，对负有责任的项目经理每次扣 1.2 分。

(三)投标人施工现场发生二级重大工程质量事故，被建设行政主管部门通报的，自通报之日起，在 12 个月内评标中，每次对投标人扣 1.0 分，对负有责任的项目经理每次扣 2.0 分。

第十三条 建筑市场不良记录扣分

(一)投标人被市、州建设行政主管部门查处(包括通报、经济处罚、停工整顿等)的自查处之日起，在 6 个月内的评标中，每次对投标人扣 1.0 分。

（二）投标人被省建设行政主管部门查处（包括通报、经济处罚、停工整顿等）的自查处之日起，在12个月内的评标中，每次对投标人扣1.5分。

第十四条　投标人报价总得分，减去所有扣分后，最高得分者为第一中标候选人。第一中标候选人放弃中标后，由第二名作为中标候选人，以此类推。投标人得分出现绝对相等时，以低报价优先的原则确定中标人。

第十五条　在评标过程中，除评标委员会成员及评标监督工作人员外，其他人员不得进入评标室，不得参与评标、定标的有关工作。

第十六条　评标委员会未按本规定第九条规定评审的，评标无效，并追究评标委员会的责任。

第十七条　评标委员会成员名单在中标结果确定前应当保密。评标委员会成员应当客观、公正地履行职责，遵守评标纪律，恪守职业道德，对所提出的评审意见承担个人责任。

评标委员会成员不得私下接触任何投标人及利害关系人，不得收受投标人的财物或者其他好处。

评标委员会成员和监督评标活动的有关人员在宣布评标结果之前，不得泄露投标文件的评审和比较、中标候选人的推荐等有关情况。

第十八条　评标委员会完成评标后，应当向招标人提出书面评标报告。评标委员会全体成员应当在评标报告上签字。评标委员会成员对评标报告有不同意见的，采取少数服从多数的原则形成评标报告。

第十九条　本规定由甘肃省建设工程招标投标管理办公室负责解释。

第二十条　本规定自发布之日起实施。省内其他有关规定与本规定相抵触的，按本规定执行。

参考文献

1. 田恒久．工程招投标与合同管理．北京：中国电力出版社，2008.
2. 史商于，陈茂明．工程招投标与合同管理．北京：科学出版社，2004.
3. 张玉红，刘明亮．工程招投标与合同管理．北京：北京师范大学出版社，2011.
4. 刘元芳，李兆亮．建设工程招标投标实用指南．北京：中国建材工业出版社，2006.
5. 强立明．建筑工程招标投标实例教程．北京：机械工业出版社，2010.

